青少年生存智慧故事

★ "知心姐姐" 卢勤倾情推荐

时代文艺出版社　　红卫◎编著

图书在版编目（ＣＩＰ）数据

青少年生存智慧故事/张红卫 编著. —长春：时代文艺出版社，2008.10
ISBN 978 - 7 - 5387 - 2485 - 1

Ⅰ. 青... Ⅱ. 张... Ⅲ. 人生哲学—青少年读物　Ⅳ. B 821 - 49

中国版本图书馆 CIP 数据核字（2008）第 135128 号

青少年生存智慧故事

编　　著	张红卫
出 品 人	张四季
选题策划	郭力家
责任编辑	周君博　李天卿
出　　版	时代文艺出版社
地　　址	长春市泰来街 1825 号　邮编：130011
电　　话	总编办：0431 - 86012927　发行科：0431 - 86012952
网　　址	www. shidaichina. com
印　　刷	北京同文印刷有限责任公司
发　　行	时代文艺出版社
开　　本	660×960 毫米　1/16
字　　数	250 千字
印　　张	18
版　　次	2009 年 1 月第 1 版
印　　次	2009 年 1 月第 1 次印刷
定　　价	23. 00 元

目 录

第八辑

第九辑

第十辑

找一则故事改变你的人生

董　辑

　　每个人的阅读起点都不一样，如果把儿时听故事也算成是一种阅读的话，那么，每一个人的阅读长跑，都是从故事开始的。不管是赖在妈妈温暖的怀抱中，听她给你讲"狼来了"；还是在幼儿园的课堂上睁大眼睛，听老师用电影演员的声音，为你朗读《丑小鸭》……故事是你走进阅读世界的第一扇门，让你发现生活原来广阔得无边无沿；故事是你灵性天空中飞来的第一只鸟，让你试着去为自己的幻想也插上一对翅膀；故事潜移默化、悄无声息地为你的成长提供养料，在不知不觉中，为你的心灵找到方向。

　　因为富含清晰可感的情节、人物，便于抒发感情和表达思想或者哲理，从古至今，故事一直在人类的文明体系中占有很重要的地位，甚至可以不夸张地说，人类的思维模式带有某种先天的"故事基因"，创作故事和听（看）故事是人类的一种思维习惯，代代延续，被广泛用于启蒙、教育、文艺、历史、宣传等多种人类的智力活动之中。在古希腊，伊索寓言和荷马史诗齐名，即使是柏拉图这样的哲学家，阿里斯托芬这样的剧作家，其声名和影响也不敢轻易说就在伊索之上。另外，众所周之，古希腊神话故事是人类文化的瑰宝，是西方文明的母本。中国也是这样，古代历史最先是以故事传说的形式口耳相传下来的，诸子百家的作品中充斥着大量的故事……中国人其实是有很深厚的故事情节和"故事习惯"的，不管是历史、科学、文艺、教育……都包含有丰富无比的故事，都可以变成无数的故事讲出来。我们说历史，首先想到的就是一个又一个故事；我们学文学，除了作品，接触最多的就是有关作者和作品的故事。谈学习,有"凿壁偷光"这样的故事;论修养,有"孔融让梨"这样的故事;"愚公移山"是寓言故事;"夸父追日"是神话故事;"三顾茅庐"是历史故事;"势如破竹"是成语故事;"牛郎织女"是民间故事等等等等,浩如烟海,举不胜举。

可见,中国是一个有着深厚故事传统的国家,故事,作为一种文学体裁和人类的智力结晶,从来就是中国人弥足珍贵的精神财富和不可或缺的精神食粮。在中国,学龄前听故事,上学后看故事,成人后阅读故事,是很司空见惯的文化生活常态。从这个角度来说,出版《青少年生存智慧故事》这样一本书,不但实用,更非常合理。

《青少年生存智慧故事》至少有以下几方面的意义。

第一,人类有编故事和读故事的思维习惯,故事可以更随意更快捷地丰富一个人的知识、影响一个人的思想。对青少年们来说,更是这样,他们喜欢看故事,故事对他们的影响也更为有效。为青少年编一本谈生存智慧的书,非常实用,相信也会非常有效。

第二,本书精选了大量能够触及青少年心灵的故事,这些故事都是编者精编精选的,每一则都有每一则的意义、特点以及实用性。在目前这个信息泛滥的时代,一册在手,既能节省时间,又可以享受高度浓缩的思想和文学精华,堪称一举两得。

第三,本书具有非同一般的实用性和可读性。编者精心挑选、打磨的这些故事,说是心灵鸡汤也好,说是励志营养品也好,都是很鲜活和很深刻的哲理小品,思想性和文学性兼具,而且篇幅短小,语言精练,可读性很强。此外,编者提炼出的感悟更如同熊熊燃烧的思想火炬,可以帮助青少年朋友们照亮眼前的迷雾和黑暗,看清自己的人生道路。

所以说,这本书不单单具有阅读价值,它更是一本人生指南书。常言说:小故事,大智慧。小故事里面不一定没有大智慧。那么,青少年朋友们,走进这本书的世界吧,走进这座故事藏宝洞,找一则故事,找到你需要的大智慧,用它来改变你的人生。

2008 年 11 月 30 日

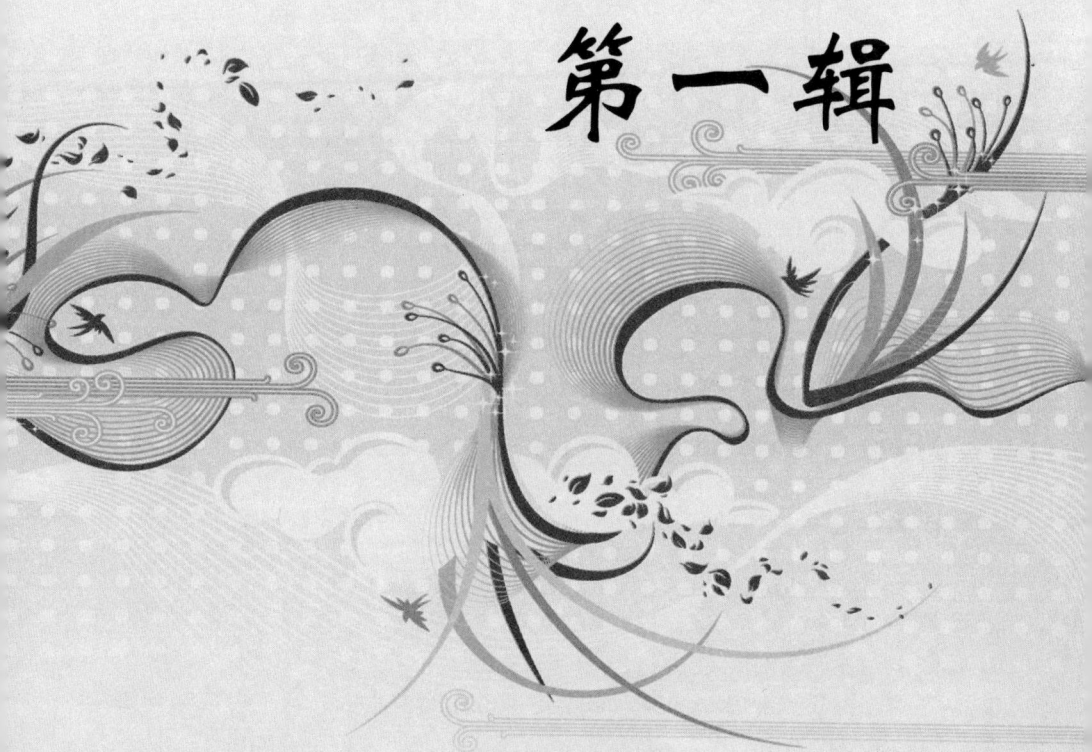

第一辑

星星的金币

有一个孤苦无依的女孩，拿着一片面包走进了森林。在森林里，女孩接连遇到了好几个可怜的孩子，刚开始她把唯一的面包给了一个小孩；接着把帽子给了另一个小孩；然后身上穿的衣服也给了别人；最后连自己的内衣也捐了出去。

虽然她已身无一物，却仍在森林里走着，一直走到了一座小山丘。她站在小山丘上，仰望着满天星斗，突然间那些闪亮的星星一颗一颗地掉了下来，一瞬间变成了真正的金币。从此少女过着幸福快乐的生活。

★ **生存感悟**

爱心是幸福生活的源泉。

第一次探险

雷蒙德·卡丁在许多人眼里是个可爱的乡下人。我记得他走在佛蒙特州诺斯菲尔的街上的样子：一位满头白发，衣着讲究的绅士。他与我有过一次短暂的交往，那时我才只有 10 岁。

我可以自由地在镇里到处乱跑，父母禁止我去的地方只有佩因山脚下废弃的采石场。但那是一个吸引人的地方，到处淌着浅绿色的水，并布满了碎石堆起的小坡。小白杨树从石缝中长出来，攀着它们能轻易地

爬上这些小坡。在矮树丛中不时会发现生了锈的采石机。

一个夏天的下午，我跟着一群大孩子去那个地方。他们离开了通往采石场那条被人踏出的小路，然后扔下了我。

我爬过一根根伐倒的树干，穿过缠人的荆棘丛，找了一个多小时还没找到原先的小路。太阳很低，已过了晚饭时间，父母大概在着急了。我惊慌起来，就坐在一棵树下，用声音表达了我的苦恼。

当我止住声喘了口气时，听见有人在吹口哨。我立刻就找到了吹口哨的人，他是卡丁，正坐在小路边的一段树干上，削着一根细树枝。

卡丁说道："哈罗！出来散步吗？天气真好。"

我点点头："我只是想来考察一下这个旧采石场，不过现在我得回去了。"

"要是你愿意稍等一会儿，"卡丁说，"我想和你一同回镇上去，我快要完成这个柳哨了，做好了送给你。"

他把柳哨递给我，然后站起来。伴着清亮的哨声，我们一起顺着小路走下山坡。

多年以后，我才明白那是一个多么不寻常的友善举动。

那个人听到我的哭声，明白这是一个小男孩迷了路。出于一种情感，他不愿充当一个援救者的角色，而是坐在一旁吹口哨，使我能够找到他。他尊重一个小男孩的自立感。

生存感悟

一项恰到好处施予的恩惠，对于施惠者与受惠者都几乎是同样大的荣幸。而施予时，态度比礼物更有价值。

003

天 堂

一位行善的基督徒，临终后想看天堂与地狱究竟有何差异，于是天使就先带他到地狱去参观了，在他们面前出现一张很大的餐桌，桌上摆满了丰盛的佳肴。地狱的生活看起来还不错嘛，不用急，你再继续看下去。

过了一会儿，用餐的时间到了，只见一群骨瘦如柴的饿鬼鱼贯地入座。每个人手上拿着一双十几尺长的筷子。

可是筷子实在是太长了，最后每个人都夹得到却吃不到。你觉得悲惨吗？我再带你到天堂看看。

到了天堂，同样的情景，同样的满桌佳肴，同样十几尺长的筷子。

他们也用这样的筷子夹菜，不同的是，他们喂对面的人吃菜，而对方也喂他吃。

因此每个人都吃得很愉快。

生存感悟

美德是人自身的报酬，恶行是自身的惩罚。美德，是心灵深处发出的，是不计回报而能得到回报；恶行是在错误的轨道上危险滑行，时刻有脱轨的危险。

一个谎言的 40 年

他和她的相识是在一个宴会上，那时的她年轻美丽，身边有很多的追求者，而他却是一个很普通的人。因此，当宴会结束，他邀请她一块去喝咖啡的时候，她很吃惊，然而，出于礼貌，她还是答应了。

坐在咖啡馆里，两个人之间的气氛很是尴尬，没有什么话题，她只

想尽快结束，好回去。但是当小姐把咖啡端上来的时候，他却突然说："麻烦你拿点盐过来，我喝咖啡习惯放点盐。"当时，她愣了，小姐也愣了，大家的目光都集中到了他身上，以至于他的脸都红了。

小姐把盐拿过来，他放了点进去，慢慢地喝着。她是好奇心很重的女孩，于是很好奇地问他："你为什么要加盐呢？"他沉默了一会儿，一字一顿地说："小时候，我家住在海边，我老是在海里泡着，海浪打过来，海水涌进嘴里，又苦又咸。现在，很久没回家了，咖啡里加盐，就算是想家的一种表现吧，以此来把与家之间的距离拉近一点。"

她突然被打动了，因为，这是她第一次听到男人在她面前说想家，她认为，想家的男人必定是顾家的男人，而顾家的男人必定是爱家的男人。

她忽然有一种倾诉的欲望，跟他说起了她远在千里之外的故乡，冷冰冰的气氛渐渐地变得融洽起来，两个人聊了很久，并且，她没有拒绝他送自己回家。

再以后，两个人频繁地约会，她发现他实际上是一个很好的男人，大度、细心、体贴，符合她所欣赏的优秀男人应该具有的所有特性。她暗自庆幸，幸亏当时的礼貌，才没有和他擦肩而过。她带他去遍了城里的每家咖啡馆，每次都是她说："请拿些盐来好吗？我的朋友喜欢咖啡里加盐。"

再后来，就像童话书里所写的一样，"王子和公主结婚了，从此过着幸福的生活。"他们确实过得很幸福，而且一过就是四十多年，直到他前不久得病去世。

故事似乎要结束了，如果没有那封信的话。

那封信是他临终前写的，写给她的："原谅我一直都欺骗了你，还记得第一次请你喝咖啡吗？当时气氛差极了，我很难受，也很紧张，不知怎么想的，竟然对小姐说拿些盐来，其实我喝咖啡是不加盐的，当时既然说出来了，只好将错就错了。

"没想到竟然引起了你的好奇心，这一下，让我喝了半辈子加盐的咖啡。有好多次，我都想告诉你，可我怕你会生气，更怕你会因此离开我。

"现在我终于不怕了，因为我就要死了，死人总是很容易被原谅的，对不对？今生得到你是我最大的幸福，如果有来生，我还希望能娶到你，只是，我可不想再喝加盐的咖啡了，咖啡里加盐，你不知道，那味道，有多难喝。咖啡里加盐，我当时是怎么想出来的！"

信的内容让她吃惊，同时有一种被骗的感觉。然而，他不知道，她多想告诉他：她是多么高兴，有人为了她，能够做出这样的一生一世的欺骗……

★ 生存感悟

爱情可以征服一切。获得爱情你可以随便使用什么方法，保持爱情却需要智慧，机智是智慧的一个方面，这不是什么不光彩的事情。

钥 匙

一把坚实的大锁挂在大门上，一根铁棍费了九牛二虎之力，还是无法将它撬开。

钥匙来了，它瘦小的身子钻进锁孔，只轻轻一转，大锁就"啪"的一声打开了。

铁棍奇怪地问："为什么我费了那么大力气也打不开，而你却轻而易举地就把它打开了呢？"

钥匙说："因为我最了解它的心。"

★ 生存感悟

每个人的心，都像上了锁的大门，任你再粗的铁棍也撬不开。唯有关怀，才能把自己变成一只细腻的钥匙，进入别人的心中，了解别人。

007

爱的奇迹

25 年前，有位教社会学的大学教授，曾叫班上学生到巴尔的摩的贫民窟，调查 200 名男孩的成长背景和生活环境，并对他们未来的发展做评估，得出的结论都是"他们毫无出头的机会"。

25 年后，另一位教授发现了这份研究，他叫学生做后续调查，看昔日这些男孩今天是何种状况。结果根据调查，除了有 20 名男孩搬离或过世，剩下的 180 名中有 176 名成就非凡，其中担任律师、医生或商人的比比皆是。

这位教授在惊讶之余，决定深入调查此事。他拜访了当年曾受评估的年轻人，跟他们请教同一个问题："你今日会成功的最大原因是什么？"结果他们都不约而同地回答：

"因为我遇到了一位好老师。"

这位老师目前仍健在，虽然年迈，但还是耳聪目明，教授找到她后，问她到底有何绝招，能让这些在贫民窟长大的孩子个个出人头地？

这位老太太眼中闪着慈祥的光芒，嘴角带着微笑回答道："其实也没什么，我爱这些孩子。"

生存感悟

随处撒播你的爱心，就从对你的家人开始，多一分关爱给你的孩子，你的另一半，然后你的邻居……让每个接近你的人都有如沐春风的感觉。给别人一个关怀的眼神，一个灿烂的微笑，一个温暖的拥抱，为上帝的仁慈作见证。

姻缘天注定

墨西·孟德尔颂是德国知名作曲家的祖父。他的外貌极其平凡，除了身材五短之外，还是个古怪可笑的驼子。

一天，他到汉堡去拜访一个商人，这个商人有个心爱的女儿名叫弗西，墨西无可救药地爱上了她，但弗西却因他的畸形外貌

而拒绝他。

到了必须离开的时候，墨西鼓起了所有的勇气，上楼到弗西的房间，把握最后和她说话的机会。她有着天使般的脸孔，但让他十分沮丧的是，弗西始终拒绝正眼看他。经过多次尝试性的沟通，他害羞地问："你相信姻缘天注定吗？"

她眼睛盯着地板答了一句："相信。"然后反问他，"你相信吗？"

他回答："我听说，每个男孩出生之前，上帝便会告诉他，将来要娶的是哪一个女孩。我出生的时候，未来的新娘便已许配给我了，上帝还告诉我，我的新娘是个驼子。

"我当时向上帝恳求：'上帝啊！一个驼背的妇女将是个悲剧，求你把驼背赐给我，再将美貌留给我的新娘。'"

009

当时弗西看着墨西的眼睛，并被内心深处的某些记忆搅乱了。她把手伸向他，之后成了他最挚爱的妻子。

✦ 生存感悟

只有纯洁的、热情的心灵才能感受到真正的爱情，这种爱情使一个人变得幸福，使一个人变得高尚，内心的精细、不受外来影响的坚强的意志，才能使得这神圣的火焰不会熄灭。

抱抱法官

李·夏普洛是个已经退休的法官，他天性极富爱心。终其一生，他

总是以爱为前提，因为他明白爱是最伟大的力量。因此他总是拥抱别人。他的大学同学给他取了"抱抱法官"的绰号。甚至车子的保险杠都写着："别烦我！拥抱我！"

大约 6 年前，他发明了所谓的"拥抱装备"，外面写着："一颗心换一个拥抱。"里面则包含 30 个可贴在背后的刺绣小红心。他常带着"拥抱装备"到人群中，给一个红心，换一个拥抱。

李因此而声名大噪，于是有许多人邀请他到相关的会议或大会演讲；他总是和人分享"无条件的爱"这种概念。一次，在洛杉矶的会议中，地方小报记者向他挑战："拥抱参加会议的人，当然很容易，因为他们是自己选择参加的，但这在真实生活中是行不通的。"

他们要求李是否能在洛杉矶街头拥抱路人。大批的电视工作人员，尾随李到街头进行探访。首先李向经过的妇女打招呼："嗨！我是李·夏普洛，大家叫我'抱抱法官'。我是否可以用这些爱心和你换一个拥抱？"妇女欣然同意，地方新闻的评论员觉得这太简单了。

李看看四周，他看到一个交通女警，正在开罚单给一台 BMW 的车主。李从容不迫地走上前去，所有的摄影机紧紧跟在后面。他说："你看起来像需要一个拥抱，我是'抱抱法官'，可以免费奉送一个拥抱。"那女警接受了。

那位电视时事评论员出了最后的难题："看，那边来了一辆公共汽

车。众所周知，洛杉矶的公共汽车司机最难缠，爱发牢骚，脾气又坏。让我们看看你能从司机身上得到拥抱吗?"李接受了这项挑战。

当公车停靠到路旁时，李跟车上的司机攀谈:"嗨! 我是李法官，人家叫我'抱抱法官'。开车是一项压力很大的工作，我今天想拥抱一些人，好让他们能卸下重担，再继续工作。你需不需要一个拥抱呢?"那位身高六尺二、体重230磅的公车司机离开座位，走下车子，高兴地说:"好啊!"

李拥抱他，还给了他一颗红心，看着车子离开还直说再见。采访的工作人员，个个无言以对。最后，那位评论员不得不承认，他输了。

一天，李的朋友南西·詹斯顿来拜访他。她是个职业小丑，身着小丑服装，画着小丑的脸谱。

她来邀请李带着"拥抱装备"，一起去残疾之家，探望那里的朋友。

他们到达之后，便开始分发气球、帽子、红心，并且拥抱那里的病人。李心里觉得很难过，因为他从没拥抱过临终的病人、严重智障或四肢麻痹的人。刚开始很勉强，但过了一会儿，南西和李受医师和护士的鼓励之后，便觉得容易得多了。

数小时之后，他们终于来到了最后一个病房。在那里，李看到他这辈子所见过情况最糟的34个病人，顿时他的情绪变得十分复杂。他们的任务是要将爱心分出去，点亮病人心中的灯火，于是李和南西便开始分送欢乐。此时整个房间挤满了被鼓舞的医护人员。

他们的领口全贴着小红心，头上还戴着可爱的气球帽。

李来到最后一个病人李奥·纳德面前。李奥穿着一件白色围兜，神情呆滞地流着口水。

李看他流着口水时，对南西说:"我们跳过去别管他吧?"南西回答:"可是他也是我们的一分子啊!"接着她将滑稽的气球帽放在李奥头上。李则是贴了一张小红心在

011

围兜上。他深呼吸一下，弯下腰抱了一下李奥。

突然间，李奥开始哈哈大笑，其他的病人也开始把房间弄得丁当作响。李回过头想问医护人员这是怎么一回事时，只见所有的医师、护士都喜极而泣。李只好问护士长发生了什么事。

李永远不会忘记她的回答："23 年来，我们头一次看到李奥笑了。"

✦ 生存感悟

让别人的生命有一点不同，有一点亮光是何等简单啊！如果慈善能普及天下，地球就会变为天堂，地狱就会成为无稽之谈。

你是重要的

尊敬别人的人，同样会受到别人的尊敬。正像站在镜子前面一样，你怒他也怒，你笑他也笑。

一位在纽约任教的老师决定告诉她的学生，他们是如何重要，来表达对他们的赞许。

她决定将学生逐一叫到讲台上，然后告诉大家这位同学对整个班级和对她的重要性，再给每人一条蓝色缎带，上面用金色的字写着："我是重要的。"

之后这位老师想做一个班上的研究计划，来看看这样的行动对一个社区会造成什么样的冲击。她给每个学生三个缎带别针，教他们出去给别人相同的感谢仪式，然后观察所产生的结果，一个星期后回到班级报告。

班上一个男孩子到邻近的公司去找一位年轻的主管，因他曾经指导他完成生活规划。

那个男孩子将一条蓝色缎带别在他的衬衫上，并且再多给了两个别针，接着解释："我们正在做一项研究，我们必须出去把蓝色缎带送给感谢、尊敬的人，再给你们多余的别针，让你们也能向别人进行相同的感谢仪式。下次请告诉我，这么做产生的结果。"

过了几天，这位年轻主管去看他的老板。从某些角度而言，他的老板是个易怒、不易相处的同事，但极富才华。他向老板表示十分仰慕他的创造天分，老板听了十分惊讶。

这个年轻主管接着要求老板接受蓝色缎带，并允许他帮老板别上。一脸吃惊的老板爽快地答应了。

这个年轻主管将缎带别在老板外套、心脏正上方的位置，并将所剩的别针送给他，然后问老板："您是否能帮我个忙？把这缎带也送给您所感谢的人。这是一个男孩子送我的，他正在进行一项研究。我们想让这个感谢的仪式延续下去，看看对大家会产生什么样的效果。"

那天晚上，那位老板回到家中，坐在 14 岁儿子的身旁，告诉他："今天发生了一件不可思议的事。在办公室的时候，有一个年轻的同事告诉我，他十分仰慕我的创造天分，还送我一条蓝色缎带。想想看，他认为我的创造天分如此值得尊敬，甚至将印有'我很重要'的缎带别在我的夹克上，还多送我一个别针，让我能送给自己感谢、尊敬的人。当我今晚开车回家时，就开始思索要把别针送给谁呢？我想到了你，你就是我要感谢的人。

"这些日子以来，我回到家里并没有花许多精力来照顾你、陪你，我真是感到惭愧。

"有时我会因你的学习成绩不够好，房间太过脏乱而对你大吼大叫。但今晚，我只想坐在这儿，让你知道你对我有多重要，除了你妈妈之外，你是我一生中最重要的人。好孩子，我爱你。"

他的孩子听了十分惊讶，并开始呜咽啜泣，最后哭得无法自制，身体一直颤抖。他看着父亲，泪流满面地说："爸爸，我原本计划明天要自杀，我以为你根本不爱我，现在我想那已经没有必要了。"

✦ 生存感悟

爱和善就是真实和幸福，而且是世上唯一的真实存在和唯一可能的幸福。善行因爱心而产生，爱心赢得感激，获取信任，消除误会，总之爱和善是通向幸福的坦途。

不老的爱

一辆公车沿着南方的偏僻公路蹒跚而行。

车子里有位瘦弱的老人，手里握着一束鲜花。车驶过教堂时，上来一个少女，目不转睛地看着老人的鲜花。

到了老人快要下车时，他忽然冲动地将自己手中的鲜花推向少女的怀中。并赶忙解释说："我看得出来你很喜欢这束花，我想我太太也会很高兴你拥有这束花的。我会告诉她我把花送给你了。"

那女孩接受那束花后，目送老人下车，看着他慢慢走到一座小公墓的门口。

✦ 生存感悟

爱是不会老的，它留存的是永恒的火焰与不灭的光辉，世界的存在，就以它为养料。吸收了爱的世界就是一个盛装着希望与善意的容器。

哥哥的心·愿

圣诞节时，保罗的哥哥送他一辆新车。圣诞节当天，保罗离开办公室时，一个男孩绕着那辆闪闪发亮的新车，十分赞叹地问："先生，这是你的车?"

保罗点点头："这是我哥哥送给我的圣诞节礼物。"

男孩满脸惊讶，支支吾吾地说："你是说这是你哥哥送的礼物，没花你半毛钱? 我也好希望能……"

当然保罗以为他是希望能有个送他车子的哥哥，但那男孩所谈的却让保罗十分震撼。

"我希望自己能成为送车给弟弟的哥哥。"男孩继续说。

保罗惊愕地看着那男孩，冲口而出地邀请他："你要不要坐我的车去兜风?"

男孩兴高采烈地坐上车，绕了一小段路之后，那孩子眼中充满兴奋地说："先生，你能不能把车子开到我家门前?"

保罗微笑，他心想那男孩必定是要向邻居炫耀，让大家知道他坐了一部大车子回家。

没想到保罗这次又猜错了。

"你能不能把车子停在那两个阶梯前?"男孩请求。

男孩跑上了阶梯，过了一会儿保罗听到他回来的声音，但动作似乎有些缓慢。原来他带着跛脚的弟弟出来，将他安置在台阶上，紧紧地抱

015

着他，指着那辆新车。

只听那男孩告诉弟弟："你看，这就是我刚才在楼上告诉你的那辆新车。这是保罗他哥哥送给他的哦！将来我也会送给你一辆像这样的车，到那时候你便能去看那些挂在窗口的漂亮的圣诞节饰品了。"

保罗走下车子，将跛脚男孩抱到车子的前座。满眼闪亮的大男孩也爬上车子，坐在弟弟的旁边。就这样他们三人开始了一次令人难忘的假日兜风。

那一次的圣诞夜中，保罗才真正体会耶稣所说的"施比受更为福"的道理。

★ 生存感悟

人在心中应该设身处地想到的，不是那些比我们更幸福的人，而是那些比我们更值得同情的人。要知道你的悲悯可能会让对方在寒冬里感受到温暖的阳光，在没有音乐的舞台上欢歌。

生死与共的幸福

多年前，我曾在史丹福医院担任义工，那时认识了一个叫丽莎的小女孩。她身患重疾，病情十分罕见，唯一能挽回她性命的机会，便是接受五岁弟弟的输血，因为她弟弟也曾罹患此病，后来奇迹般地被救活，现在体内产生了能对抗病毒的抗体。医生向这个小男

生解释了情况，问他是否愿意输血给姐姐。我见他只迟疑了半秒钟，便深深地吸口气说："如果能救活丽莎，我愿意。"

进行输血时，他静静躺在姐姐身旁，见到姐姐双颊恢复红润，他不禁面露微笑。

但接着他收起了笑容，脸色苍白地望着医生，用颤抖的声音问道："我会马上死掉吗?"

原来他年纪太小，误解了医生的意思，以为要将全身的血都输给姐姐……

★ **生存感悟**

只要能生死与共，即便是痛苦也成为欢乐了。这无私的分担何尝不是治疗一切疾病的最直接而有效的方案?

017

说出你的爱

有次我受邀前往外地，发表有关高效率管理的演讲。抵达当晚，主办单位的几个人请我吃饭，顺便聊聊明天来听演讲的是些什么听众。

华兹显然是这几个人的龙头老大，块头很大，声音十分低沉。他告诉我，他是家大型国际企业的经理，

主要职责是到一些分公司，处理公司内部较为棘手的人事问题，解除一些高级主管的职务。

他说："潘，我十分期待明天的演讲，因为这些人在聆听过你的高见后，就会知道我的管理方式是正确的。"他得意地对我笑道。

我微笑不语，因为我知道明天的情况绝对与他想象的大不相同。

第二天，华兹表情木然地听完全场演讲，然后一言不发地离开会场。

三年后，我重返旧地，向相同的听众发表另一篇有关管理的演讲，我在听众中又发现了华兹。就在演讲即将开始前，他突然站起来，扯着喉咙问我："潘，我能先讲几句话吗？"

我打趣地说："当然，你身材如此魁梧，你爱讲几句就讲几句，我不敢拦你。"

华兹于是开口："在座的各位都认识我，其中有些人还知道我近来的改变，今天我想把亲身的体验与各位分享。潘，想必我这番话会让你感到欣慰。

"三年前的一场演讲里，潘曾表示，若想培养坚韧的意志，首先就该学习向身旁最亲近的人说声我爱你。起初我对这点颇不以为然，心想这种肉麻的话和意志坚韧能扯上什么关系？潘说坚韧与坚硬不同，坚韧如同皮革，坚硬则像花岗岩，而一个意志坚韧的人应该是思想开通，不屈不挠，行为自律，做事灵活。这些话我赞同，但这与爱有什么关系呢？

"那晚，我和太太两人坐在客厅的两端，脑中仍想着潘的话。霎时我发现自己竟鼓不起勇气向太太表示爱意，我好几次清了清喉咙，但话到了嘴边，只含糊地发了些声音，其余的又吞了回去。我太太抬起头，

问我刚才嘟哝了些什么，我若无其事地回答说没事。

"突然间，我起身走向她，紧张地将她手上的报纸拿开，然后说：'艾丽斯，我爱你。'她好一阵子说不出话来，泪水涌上她的眼眶，这时她轻声地说：'华兹，我也爱你，这是你25年来第一次开口说爱我。'

"我们当时感触万千，深深体会到爱能化解一切纷争摩擦。突然间，我像是受到鼓舞般，立刻拨了电话给在纽约的大儿子，我们已经许久没有联络了。

"我一听到他的声音便脱口而出：'儿子，也许你以为我喝醉了，但我现在很清醒。我打电话来只是想告诉你我爱你。'

"他在话筒那端沉默了片刻，然后语气平静地说：'爸，我知道你爱我，真高兴能听到你亲口告诉我，我也要对你说我爱你。'

"我们开始闲话家常，聊得十分愉快。接着我又打电话给在旧金山的小儿子，告诉他同样的事，结果我们父子畅谈许久，那种温馨的感觉我从未有过。

"那晚我躺在床上沉思，终于领悟了潘所说的那番话有更深一层的意义：如果我能真正地了解以爱待人的含义而且身体力行，定能对我的管理方式产生正面的影响。

"我开始阅读相关题材的书籍，从中吸取到不少宝贵的经验，使我更体会到这套哲学能运用到生活的各个层面，无论是家庭或是工作。

"你们有些人知道，我彻底改变了与人共事的方式。我开始仔细倾听他人的想法；我学会多欣赏他人的长处，少计较他人的短处；我也体会到帮助别人建立信心的那种快乐。然而最重要的是，我现在了解，尊敬他人的最佳方法，便是鼓励他们发挥自己的能力，来达到大家共同努力的目的。

"潘，借着今天这个机会，我要说声谢谢你。顺便跟大家提一下，我现在是公司的副董事，领导能力颇受肯定。好了，各位，现在专心听他演讲吧！"

019

★ **生存感悟**

　　谁要是不会爱，谁就不能理解生活。爱是生活的魔术师，它把敌意变成尊重，缩短了心灵与心灵之间的距离，提高了人与人之间情感的温度。

一句话的分量

　　几天前，我和一位朋友在纽约搭计程车，下车时，朋友对司机说："谢谢，搭你的车十分舒适。"

　　这司机听了愣了一愣，然后说："你是混黑道的吗？"

　　"不，司机先生，我不是在寻你开心，我很佩服你在交通混乱时还能沉住气。"

　　"是呀！"司机说完，便驾车离开了。

　　"你为什么会这么说？"我不解地问。

　　"我想让纽约多点人情味，"他答道，"唯有这样，这城市才有救。"

　　"靠你一个人的力量怎能办得到？"

　　"我只是起带头作用。我相信一句小小的赞美能让那位司机整日心情愉快，如果他今天载了20位乘客，他就会对这20位乘客态度和善，而这些乘客受了司机的感染，也会对周遭的人和颜悦色。这样算来，我的好意可间接传达给一千多人，不错吧？"

　　"但你怎能确信计程车司机会照你的想法做呢？"

"我并不确信，"朋友回答，"我知道这种做法是可遇不可求，所以我尽量多对人和气，多赞美他人，即使一天的成功率只有 30%，但仍可连带影响到3000 人之多。"

"我承认这套理论很中听，但能有几分实际效果呢？"

"就算没效果我也毫无损失呀！开口称赞那司机花不了我几秒钟，他也不会少收几块小费。如果那人无动于衷，那也无妨，明天我还可以去称赞另一个计程车司机呀！"

"我看你脑袋有病了。"

"从这就可看出你越来越冷漠了，我曾调查过邮局的员工，他们最感沮丧的除了薪水微薄外，就是欠缺别人对他们工作的肯定。"

"但他们的服务真的很差劲呀！"

"那是因为他们觉得没人在意他们的服务质量。我们为何不多给他们一些鼓励呢？"

我们边走边聊，途经一个建筑工地，有 5 个工人正在一旁吃午餐。我朋友停下了脚步："这栋大楼盖得真好，你们的工作一定很危险很辛苦吧？"那群工人带着狐疑的眼光望着我朋友。

"工程何时完工？"我朋友继续问道。

"6 月。"一个工人低应了一声。

"这么出色的成绩，你们一定很引以为荣。"

离开工地后，我对他说："你这种人也可以列入濒临绝种的行列了。"

"这些人也许会因我这一句话而更起劲地工作，这对所有的人何尝不是一件好事呢？"

"但光靠你一个人有什么用呢？你不过是一个小民罢了。"

"我常告诉自己千万不能泄气，让这个社会更有情原本就不是简单的事，我能影响一个就影响一个，能影响两个就影响两个……"

"刚才走过的女子姿色平庸，你还对她微笑？"我插嘴问道。

"是呀！我知道，"他答道，"如果她是个老师，我想今天上她课的人一定如沐春风。"

★ 生存感悟

人们相互希望得越多，想要给予对方的越多，就必定越亲密。若都能以诚相待，心灵便真正得到了开放，不设防的心交往起来也如一池清水一样简单透明。

最后的心愿

26岁的母亲凝视着她那罹患血友病而垂死的儿子。虽然她内心充满了悲伤，但同时就像其他为人父母者，她希望儿子能长大成人，能实现所有的梦想。如今这一切都不可能了，因为病魔会一直缠绕着他。即使如此，她仍希望儿子的梦想能够实现。

她握着儿子的手问道："哈特，你曾想过长大后要做什么吗？你对自己的一生，有过什么梦想吗？"

"妈咪，我一直希望长大后能成为消防队员。"

母亲强忍悲伤，微笑着说："我来想想看能不能让你的愿望成真。"当天稍晚，她到亚利桑纳州凤凰城当地的消防队，找到了消防队员鲍

比，他有一颗宽大的心。这位母亲向他解释儿子临终的心愿，并请求是否能让她儿子坐上消防车在街角转几圈。

鲍比说："不止这样呢，我们还可以做得更好。如果你在星期三早上 7 点把你儿子带到这里来，我们会让他当一整天的荣誉消防队员。

"他可以到消防队来，和我们一起吃饭，一起出勤。对了，如果你把他的尺寸给我，我们还可以帮他订做一套真正的消防制服，附加一顶真的防火帽，不是玩具帽，上面还有凤凰城消防队的徽章，以及我们穿的黄色防水衣和橡胶靴。这些东西都是在凤凰城里制造，所以可以很快拿到。"

三天后，消防队员鲍比带着哈特，帮他穿上消防制服，护送他从医院的病床到消防车上。哈特必须端坐在车子后面，鲍比引领他回到消防队，他仿佛置身于天堂。

当天凤凰城有三起火警，哈特每次都得出勤务。他乘坐不同的消防车，还有救护车，甚至消防队长的车。他还为当地的新闻节目拍录像带。

由于美梦成真以及加注在他身上所有的爱和关怀，哈特深受感动，他比医生所预期的多活了三个月。

一天晚上，他所有的生命迹象开始急剧下降，护士长急忙打电话通知家属到医院。

她想起哈特曾担任过消防队员，因此她也打电话给消防队长，问他是否能派一位穿制服的消防队员到医院来，在哈特临终前陪伴他。

队长回答道："我们可以做得更好，5 分钟之内就到。你能帮个忙吗？当你听见警笛响、看到警灯闪时，请通知医院，这不是真正的火警，这只

是消防队来见他们好伙伴的最后一面。请你打开他房间的窗户，谢谢。"

大约5分钟后，一部消防车到达医院，把云梯延伸到哈特病房的窗前，有14位消防队员、2位女消防队员爬上云梯进入哈特的房间。经过他母亲的同意，他们拥抱他、握他的手，告诉他，他们有多爱他。

哈特咽下最后一口气前，看着消防队长说："队长，我现在能算是真正的消防队员吗?"

"算! 哈特。"队长说。

无比满足的哈特微笑着闭上了眼睛。

✦ 生存感悟

为他人的幸福而感到幸福，为他人的幸福而去做力所能及的一切，这种在实际行动中展现的纯洁的爱心是最打动人心的行为。

记得回来

有个妈妈在厨房洗碗，她听到小孩在后院蹦蹦跳跳玩耍的声音，便对他喊道："你在干吗?"小孩回答："我要跳到月球上!"妈妈并没有骂他"小孩子不要胡说"或"赶快进来洗干净"之类的话，而是说："好啊，不要忘记回来哦!"这个小孩后来成为第一位登陆月球的人，他就是阿姆斯特朗。

✦ 生存感悟

"热忱"就是一种热情，对人的热情、对事情的热情、对学习

的热情，还有对生命的热情。面对热忱的人们，切忌泼人冷水，鼓励和赞赏是照亮别人的最温暖的阳光。

第一百个客人

下午两点多，原本拥挤的小吃店，客人都已散去，老板正要喘口气翻阅报纸的时候，有人走了进来。那是一位老奶奶和一个小男孩。

"牛肉汤饭一碗要多少钱呢？"奶奶坐下来拿出钱袋数了数钱，叫了一碗热气腾腾的汤饭。奶奶将碗推到孙子面前，小男孩吞了吞口水望着奶奶说："奶奶，您真的吃过午饭了吗？"

"当然了。"奶奶含着一块萝卜泡菜慢慢咀嚼。一眨眼功夫，小男孩就把一碗饭吃个精光。

老板看到这幅景象，走到两个人面前说："老太太，恭喜您，您今天运气真好，是我们的第一百个客人，所以免费。"之后过了一个多月的某一天，小男孩蹲在小吃店对面像在数着什么东西，使得无意间望向窗外的老板吓了一大跳。

原来小男孩每看到一个客人走进店里，就把小石子放进他画的圈圈里，但是午餐时间都快过去了，小石子却连 50 个都不到。

心急如焚的老板打电话给所有的老顾客："很忙吗？没什么事就来吃碗汤饭吧，今天我请客。"像这样打电话给很多人之后，客人开始一个接一个到来。"81、82、83……"小男孩数得越来越快了。终于当第九十九个小石子被放进圈圈的那一刻，小男孩匆忙拉着奶奶的手进了小吃店。

"奶奶，这一次换我请客了。"小男孩有些得意地说。真正成为第一百个客人的奶奶，让孙子招待了一碗热腾腾的牛肉汤饭。而小男孩就像之前奶奶一样，含了块萝卜泡菜在口中咀嚼着。

"也送一碗给那男孩吧。"老板娘不忍心地说。

"那小男孩现在正在学习不吃东西也会饱的道理哩！"老板回答。

呼噜……吃得津津有味的奶奶问小孙子："要不要留一些给你？"

没想到小男孩却拍拍他的小肚子，对奶奶说："不用了，我很饱，奶奶您看……"

✦ 生存感悟

一念善心助长一棵幼苗。做你能做的善事吧，用你所能用的手段，按你所能的种种方式，在你所到的种种地方，在任何时候，对任何人，尽你所能。让我们的世界变得更温暖。

这就是底价

史瑞克拼命地工作，拼命地节衣缩食，数十年下来，从伦勃朗、毕加索到其他著名画家的作品，他是应有尽有。

史瑞克早年丧妻，仅有一子。儿子长大后成了一名收藏家。父亲对此感到十分自豪。

时光流逝，这个国家突然卷入了一场战争。儿子参军去了。

一天，史瑞克收到一封信，信上说："我们很抱歉地通知您，令郎在战斗中牺牲了。"

儿子的死无疑是一个重大打击，史瑞克一下子苍老了许多。圣诞节到了，但史瑞克一点心情也没有，甚至连床都懒得起，因为他实在无法想象，没有儿子的圣诞节该怎么过？

就在这天，门铃响了，打开门，只见一个年轻人拿着个小包站在那里。

"先生，也许您不认识我，我就是您儿子牺牲时背着的那个伤兵。"说到这里，年轻人的眼圈红了，"我不是个有钱人，没有什么值钱的东西送给您以感谢您儿子对我的救命之恩。我记得您儿子说过您爱好艺术，虽然我不是个了不起的艺术家，但我还是为他画了幅肖像，希望您收下。"

史瑞克接过包裹，一层一层打开来，然后一步一步走上楼，来到画室，取下了壁炉前伦勃朗的画，然后挂上他儿子的肖像。史瑞克泪流满面地对年轻人说："孩子，这是我最珍贵的收藏。对我来说，它比我家任何一件作品都值钱！"

史瑞克与年轻人吃了顿饭，一起过了圣诞节，然后年轻人就走了。

一年后，史瑞克郁郁而终。他收藏的所有艺术品都要拍卖。

拍卖会于圣诞节举行。世界各地的博物馆长和私人收藏家纷纷赶来，他们急切地想在这场拍卖会上投标。

拍卖师站起来说："感谢各位光临！现在开始拍卖：第一件拍卖品是我身后这幅肖像画。"后排有人大声叫喊："这不过是老人儿子的画像。我们跳过这个，直接进入名画拍卖吧！"拍卖师解释："不行，先得拍卖完了这幅画像，其他才能继续。"

会场静下来了。拍卖师说："起价100美元。谁愿意投标？"没人答话。

他又问："有人愿意出50美元吗？"还是没人答话。

他继续问："有人愿意出40美元吗？"仍然没有人吭声。

拍卖师看起来神情

有些沮丧，连声音都有些颤抖了，他问："是不是没人愿意对这幅画投标？"

就在这时，一个老人站起来说："先生，10 美元可以吗？你瞧，10 美元是我的全部家当了。我是收藏家的邻居，我认识这个孩子，我是看着他长大的。说实话，我确实很喜欢他，我想买这幅画，10 美元可以吗？"

拍卖师说："可以。10 美元，一次；10 美元，两次，成交！"

人群中立即爆发出一阵欢呼，人们议论纷纷："嘿，伙计，现在终于进入正题了。"

拍卖师立即说："再次感谢各位的光临！很高兴各位能来参加这个拍卖会。今天的拍卖会到此结束！"

人们似乎被激怒了："什么意思？你还要拍卖其他作品呢！"

拍卖师神情严肃地说："很抱歉，各位，拍卖会已经结束了。根据那位父亲的遗嘱，谁买了他儿子的画像，谁就拥有他所有的藏品。这就是底价！"

✦ 生存感悟

亲情无价，父爱像地壳深处的岩浆，它把炽热深深地埋藏，但把温暖无声地传递，这样才使得人间生机盎然。

最美味的泡面

妻子过世后，老杨成了单身爸爸，独自抚养着 8 岁的儿子。这是他留下孩子出差当天发生的事。因为要赶火车，没时间陪孩子吃早餐，老杨便匆匆离开了家门。一路上担心着孩子有没有吃饭，会不会哭，心老是放不下。即使抵达了出差地点，也不时打电话回家。儿子总是很懂事地要他不要担心。因为放心不下儿子，便草草处理完事情，踏上归途。

回到家时儿子已经睡熟了，老杨这才松了一口气。旅途上的疲惫，让他全身无力。正准备睡觉时，突然发现棉被下面竟然有一碗打翻了的泡面！

"这孩子！"老杨在盛怒之下，照着儿子的屁股一阵狠打。

"为什么这么调皮，惹爸爸生气？你把棉被弄脏了，谁来洗？"这是妻子过世之后，他第一次体罚孩子。

"我没有……"孩子抽抽咽咽地辩解着，"我没有调皮，这……这是我给爸爸做的晚餐。"

原来孩子怕爸爸回来没有吃晚饭，特地泡了两碗泡面，一碗自己吃，另一碗给爸爸。因为怕爸爸那碗面凉掉，所以放进了棉被底下保温。

爸爸听了，不发一语地紧紧抱住孩子。接着看着碗里剩下一半已经泡胀的面说："孩子，这是世上最……最美味的泡面啊！"

029

★ 生存感悟

孩子的爱心是稚嫩的，你在乎它，它就会长大；你忽视它，它就会枯萎；你打击它，它就会死去。如果你想拥有一个爱你的孩子，请在乎它、呵护它，精心培育它。

没有上锁的门

乡下小村庄的偏僻小屋里住着一对母女，母亲深怕遭窃总是一到晚上便在门上连锁三道锁；女儿则厌恶了一成不变的乡村生活，她向往都市，想去看看自己透过收音机所想象的那个华丽世界。某天清晨，女儿为了寻梦离开了母亲身边，偷偷地离家出走了。

可惜外面的世界不如她想象中的美丽动人，无依无靠的她终于身陷泥潭，开始靠卖身为生。

十年后，女儿拖着受伤的心与疲惫的身躯，回到了故乡。

她回到家时已是深夜，微弱的灯光透过门缝渗透出来。她轻轻敲了敲门，却突然有种不祥的预感。女儿扭开门时把她吓了一跳，要知道母亲之前从来不曾忘记把门锁上的。

"妈……妈……"听到女儿的哭泣声，母亲睁开了眼睛，一语不发地搂住女儿疲惫的肩膀。在母亲怀里哭了很久之后，女儿抬起头来问："妈，今天你怎么没有锁门，有人闯进来怎么办？"

母亲回答说："不只是今天而已，我怕你晚上突然回来进不了家门，所以十年来门从没锁过。"

母亲十年如一日，等待着女儿回来，女儿房间里的摆设一如当年。这天晚上，母女回复到十年前的样子，紧紧锁上房门睡着了。

生存感悟

母爱是永远都不会枯竭的，在孩子们的口中和心底，母亲就是上帝。无论何时何地，母爱都像一团热火温暖着我们的心，照亮着我们人生的道路。

食人族

美国有一位很富有的母亲，丈夫逝去后留下亿万家财和一个正值妙龄的女儿。不久女儿找到了一位如意郎君，二人爱得死去活来。一天，母亲亲自开着直升机带着女儿和准女婿去旅游。途经

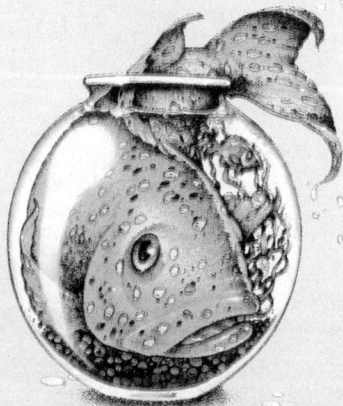

一片大森林时，他们被森林的美景迷住了，于是尽量放低飞行。忘乎所以时，飞机一头扎入了枝叶密密匝匝的树林中……

他们被一群赤身裸体手持长矛的"原始部落"人围住，其中一位用英语对他们说："我们是'食人族'，你们三人之中，得留下一位给我们享用。"三人吓得魂不附体，对方继续说："为了公平起见，将你们三人分开，发给你们纸张和笔，你们自己推荐一位留下吧。"

一会儿"食人族"收到了三人推荐的纸条，准女婿推荐的是母亲，女儿推荐的同样是母亲，而母亲推荐的则是她自己。

"食人族"被母亲自我牺牲的精神所感动，当即放了母亲。然后对那对恋人说："我们对老年人不感兴趣，你们二人再推选一位上来吧。"

一会儿"食人族"收到他们递上来的纸条。准女婿推荐的是女友，女友推荐的是准女婿。

"食人族"用绳索将准女婿和女友捆得严严实实地吊在大树上，狠狠抽了他们一百大鞭，打得他们皮开肉绽。然后对三人说："你们并非坠机在'食人族'部落里，我们是土著人。我们中有几位是刚从纽约来这里写土著风俗论文的博士生，我们这样做只是为了验证一下母爱和爱情的力量……"

得到的答案是：爱情自私而脆弱，母爱伟大而无私。

★ **生存感悟**

上帝不能无所不在，才为人类创造了妈妈。而母爱却是无所不在，母亲毫无私心地包容着孩子的一切举动。即便孩子的心灵如同一片荒漠，母爱也会作为绿洲而存在。

伟大的母爱

　　我国湘西地区一个偏远的山村，一位妇人早年丧夫，当时儿子才3岁。她遵循当地的古老礼节没有改嫁，一个人含辛茹苦地将儿子拉扯大了。由于母亲过于溺爱，儿子养成了好逸恶劳的恶习，变得好吃，爱打扮，穷讲究……母亲终日劳累，50岁不到，形同七旬。儿子竟然嫌弃母亲太脏……有时还对母亲拳脚相加。

　　儿子根本不回家，在外与一帮无赖又偷又抢。母亲终日以泪洗面，感到十分绝望。儿子终于在一次抢劫后被抓，被判7年，送往大西北服刑。

　　儿子这时候才感到后悔，然而已经迟了。每月，入狱的人都有亲人来探望，这时候，儿子心情特别难过，他唯一的亲人便是体弱不堪的母亲，家里穷，再加上他以前对母亲不孝，母亲怎么可能千里迢迢来看他呢？

　　半年过去了，儿子一直被忏悔折磨着。一天傍晚，狱警通告他有人探监。他以为是以前的哥们儿，不愿见。狱警郑重地对他说："这个人你一定得见。"

　　他来到会见室门口，双眼蓦地睁大了，立在室内一角的是一位衣着褴褛的老太婆，她满头白发蓬乱不堪，一脸皱纹重重叠叠，在透骨寒冷的天气里仍赤着脚板，斜背着一只断了带子打着结以及补丁加补丁的布背袋。她张开嘴动了动，却没有说出话来，嘴里的门牙几乎掉光了。接着两行浑浊的老泪从黯淡的双眼里流了下来……

"娘……"儿子终于认了出来。他感觉母亲在半年时间里老了几十岁。

"我的儿子……"母亲终于哭出了声。

"你终于来看我了。"儿子说。

"我来晚了,"母亲说,"路太远了。"

"并不远呀,"儿子说,"3 天车程就到了。"

"唉……"母亲无奈一叹接着说:"儿呀,其实你押往这里的第二天,我就出发了。"

儿子和狱警愕然。

"儿呀,我哪有钱买车票呢?"母亲平静地说,"我是用双脚,一步一步地走到这里来的呀。"

狱警望着憔悴不堪的母亲双眼开始泛潮,儿子浑身打颤:"妈……您为了看我,足足走了半年啊!"儿子在桌面上用力磕着头。

"是的,我一边乞讨,一边朝前走。"母亲说,"我想到总有一天会看到我的儿子,就不觉得累了。儿呀,母亲没有什么给你带的。"母亲说着解开破背袋,从里面取出一个包,打开,露出无数颗像鸟舌般的细东西。"这是你小时候最喜欢吃的瓜子仁儿,我出发的时候炒熟装了一袋。一路走,一路用嘴嗑去瓜子壳,因为你小时候要吃的时候,总要求我这样做,不知你嫌不嫌我脏……"

"娘……"儿子忽然跪在母亲面前,泣不成声,"不脏,不脏呀,娘……娘在儿子面前永远都是干净的呀。"儿子双手捧起瓜子仁儿,伴着苦涩的泪水使劲往嘴里塞……

会见时间到了,儿子跪着始终没有起身,直到母亲摇摇晃晃地被狱

警挽着离去……

4年后，儿子因多次立功受奖提前出狱。他飞奔回家，急于见到亲爱的母亲。然而，母亲在上次探他回来的第二天便逝世了，他看到的是长满了乱草的母亲坟堆……

★ 生存感悟

谁言寸草心，报得三春晖。世界上有一种最美丽的声音，那便是母亲的呼唤。岁月给母亲带来忧愁，但并未使她的爱减去半分。

生命的养料

一个小男孩几乎认为自己是世界上最不幸的孩子，因为患脊髓灰质炎而留下了瘸腿和参差不齐且突出的牙齿。他很少与同学们游戏或玩耍，老师叫他回答问题时，他也总是低着头一言不发。

在一个春天，父亲从邻居家讨了一些树苗，他想把它们栽在房前。他叫他的孩子们每人栽一棵。父亲对孩子们说，谁栽的树苗长得最好，就给谁买一件最喜欢的礼物。小男孩也想得到父亲的礼物。但看到兄妹们蹦蹦跳跳提水浇树的身影，不知怎么地，萌生出一种阴冷的想法：希望自己栽的那棵树早点死去。因此浇过一两次水后，再也没去搭理它。

几天后，小男孩再去看他种的那棵树时，惊奇地发现它不仅没有枯

萎，而且还长出了几片新叶子，与兄妹们种的树相比，显得更嫩绿、更有生气。父亲兑现了他的诺言，为小男孩买了一件他最喜欢的礼物，并对他说，从他栽的树来看，他长大后一定能成为一名出色的植物学家。

从那以后，小男孩慢慢变得乐观向上起来。

一天晚上，小男孩躺在床上睡不着，看着窗外那明亮皎洁的月光，忽然想起生物老师曾说过的话：植物一般都在晚上生长，何不去看看自己种的那棵小树。当他轻手轻脚来到院子里时，却看见父亲用勺子在向自己栽种的那棵树下泼洒着什么。顿时，一切他都明白了，原来父亲一直在偷偷地为自己栽种的那棵小树浇水施肥！他返回房间，任凭泪水肆意地奔流……

几十年过去了，那瘸腿的小男孩虽然没有成为一名植物学家，但他却成为了美国总统，他的名字叫富兰克林·罗斯福。

★ 生存感悟

035

爱是生命中最好的养料，哪怕只是一勺清水，也能使生命之树茁壮成长。爱是人生走向光明的助推器，故事中伟大而深沉的父爱改变了孩子的一生。

救命的小鸟

一位旅游爱好者驾车取道西北，向世界海拔最高的高原进发。车子到达海拔四千多米的高原地带后，公路的两旁已很难看到活物了，只有冰天雪地和时而骤起的狂风。

中途他的越野车坏了，而且竟然查不出故障的原因。他现在只能等待过往的司机，让那些常年跑运输的汉子维修他的车子或者拖着车离开这里。

他在冰天雪地之中不敢离开越野车半步，一等就是 3 天，却没有看到任何车辆经过，甚至不见天空中的一只鸟。他的储备食物和水开始减少。他知道自己正濒临在死亡的边缘。

6 天过去了，他的车开始被大雪覆盖。他在迷迷糊糊中被一种声音惊醒。他支撑着爬出车外，看到车顶站着一只误入高原的小鸟，它在寻觅食物，它孱弱地啼叫着。瞬间他泪流满面，这是他 6 天以来见到的第一个生命。小鸟并不怕生，他把小鸟放在掌心，放入相对温暖的车厢中。

他开始了自救，拆开车，终于找出了故障。已经极其虚弱的他开着车向前行进了 50 公里，终于看到了一个解放军接兵站。他得救了。

✦ 生存感悟

那不过是一只误入高原的小鸟，而真正救了他的是他自己。小鸟的叫声唤醒了他求生的欲望，他们的生命得到了共鸣，有共鸣的生命才会有活力和激情。

人性的光辉

海湾战争期间，父亲和哥哥死了，是美国军队的炸弹炸死的。家园也成了一片废墟。母亲含泪领着我掩埋了父亲和哥哥，踏上了背井离乡的沙漠之旅。

我和母亲随着逃难的人流，在茫茫的沙漠中艰难地跋涉着。

正午的太阳悬在头顶，大地被烘烤得滚烫，饥渴难耐的我摸了摸身上装水的皮囊，已空空如也。只有母亲那儿还有半罐水，一路上没舍得喝。

那是一只浅灰色的陶罐，里面盛着我们穿越茫茫大漠的生存希望！

我舔了舔干裂的嘴唇，赶到母亲面前。可看到母亲坚毅的表情和同样干裂的嘴唇，我只好把到嘴边的话又咽了回去。出门时母亲告诉我，穿越沙漠至少需要一个星期。

不知什么时候，前面的人群骚动起来，我们不由得加快了脚步。

赶到近前时，我看到激愤的同胞们一边高声斥骂一边挥舞着拳头，人群中央，一个穿着迷彩服的青年躺在地上痛苦地呻吟着，他的胸前有一面小小的星条旗。

母亲愣了一会儿，赶紧扔掉拐杖，抱着水罐挤进了人群。一见到那个美国大兵，她和善的脸庞顿时扭曲得变了形，抬起瘦骨嶙峋的右手朝着美国大兵挥了一下。

不知怎的，美国大兵一见母亲，就像触电一样，艰难地抬起头来，用食指不住地指着唇边，一阵叽里呱啦。母亲似乎明白了什么，她看了看躺在地上痛苦不堪的美国大兵，摸了摸怀中像生命一样宝贵的水罐。

母亲蹲下身子，放下水罐，居然用手搀起了大兵，然后轻轻打开陶罐的盖子，小心翼翼地递了过去……人群停止了躁动，四周显得如此宁静。

看着这个救命的陶罐，美国大兵先是用手在脸前划了个十字，然后浅浅地、甜甜地喝了一口，接着，两行热泪顺着面颊流下来……那是一张和哥哥一样年轻的脸！

大兵挣扎着探起身，一头跪倒在地，抱住母亲的腿，连声叫着……我听懂了那个词——MUM！

母爱和人性的光辉刹那间征服了整个世界。向着远方，躁动的人们开始用阿拉伯人的礼仪祈祷，大兵仍在胸口不住地划着十字。这一刻，没有了硝烟，没有了死亡，没有了仇恨……

又经过 6 天的大漠行走，我们到达了约旦边境的难民营。后来从报纸上看到，一位掉队的美国士兵被联军的直升机编队救起……

 **生存感悟**

世界上的人从外表来看是各色各样的，但是如果把内心稍稍揭开，就会发现那一颗温柔跳动、充盈着爱的光泽的心，都是彼此相同的。

手心的阳光

1878 年俄罗斯的冬天，一个衰弱不堪、瑟瑟发抖的乞丐在街上拦住了正在匆匆赶路的作家屠格涅夫。乞丐伸出一只肿胀的、肮脏的手，向屠格涅夫乞讨。屠格涅夫掏遍了身上所有的口袋，但什么都没找到。他窘极了，便紧紧地握住乞丐颤抖的手："别见怪，兄弟，我此刻身无分文。"乞丐也紧紧地握了握他的手："哪里的话，兄弟，这也是周济啊！"

屠格涅夫后来在一篇文章中提到此事时写道："我懂了，我也从我的兄弟那里得到了周济。"

 **生存感悟**

即使身无分文，只要你是慷慨的、真诚的，你就不是一无所有，在你的手心永远握着善良的种子——把手伸出来，只需简单的一握，那就是美好人性的闪光。

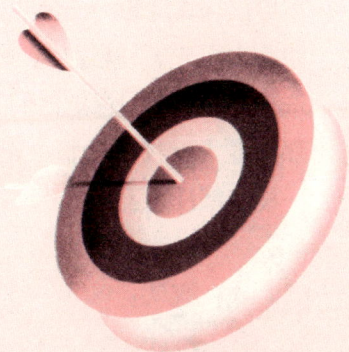

良心的约束力

1942 年，弥漫在二战硝烟之中的列宁格勒已经被德国法西斯武装包围了一年多，城内弹尽粮绝，军队养马的饲料、榨油厂的棉籽甚至从海底沉舰上捞出来的发了芽的谷子也吃完了，在大街小巷，随处可见饿死的人。

寒冬 11 月的一个黎明，一辆载着专供伤员吃的新鲜面包的卡车行驶在街上，突然，一个炮弹在车前爆炸，司机牺牲了，车上的面包撒得到处都是。面包的香味飘荡在街头，饥饿的人们四面拢来，他们不约而同地拾起一只只诱人的面包，小心翼翼地吹去尘土，放在车斗里，然后守在车旁，直到面包厂的另一辆车来把它们拉走。整个过程，没有一个人偷吃一只面包，就在面包被拉走后，又有两个人当场饿晕……

 **生存感悟**

人们共同的信念是一种伟大的情感、一种创造力。共同的良心、约束力和坚强信念使得人们所信奉的变得神圣。

爱的花园

一天早晨，新来的牧师站在教堂的花园里，孩子们正走在上学的路上。有一个小男孩走过来问："亲爱的牧师，我能折一枝花吗？"

"你想要哪枝？"牧师问道。小男孩选了一枝粉红色的郁金香。牧师高兴地说："这花归你了。如果你把花留在这儿，它还能盛开一段日子。要是现在折它，一会儿就枯萎了，你选择哪一个呢？"

小男孩认真地想了一会儿，然后说："那我就把它留在这儿，等我放学回来再看它。"就这样，那天陆续有三十多个孩子等着这位牧师给他们选花，并且都同意把他们的花留在花园里，直到它们枯萎。

那年春天，牧师把整个花园的花全给了人，在孩子们的精心看护下，一枝花都没有丢。

★ 生存感悟

生活中不是所有的门都能为你打开，但至少你还可以轻轻敲开某扇窗，感受一下扑面而来的清新与芬芳。

伟大的野骆驼

炎热的撒哈拉沙漠里，居住着一群野骆驼——一头年长的骆驼及它的6个子女。

有水的地方才有生命，沙漠深处有一眼泉水，泉水的一侧是高高矗立的岩石，另一侧边长不超过6米，但它的深度却达80米，像一口深

井。野骆驼一家隔一段时间就要来此饮水。

有一年，撒哈拉沙漠的气候异常酷热，很多沙漠动植物死于干旱，泉水的水位在一点点下降。野骆驼一家也逃不过这场旱灾，不管它们如何努力，嘴都够不到水面，就差那么一点儿它们就可以饮着水了，但那一点儿的距离却是野骆驼们所无法企及的高度。

这天，它们再次来到泉边，老骆驼先是围着自己的子女转悠，然后向天嘶鸣了几声，凄厉的叫声令人心碎，几头稍长的骆驼站到了一边，目光中充满着依依不舍，几头小骆驼眼里含着泪。这时，只见老骆驼高高跃起，纵身跃入了深泉中，"扑通、扑通"，几头年长的骆驼相继跃入，溅起了冲天的水柱……

水位终于涨起来了，刚好够小骆驼喝。喝足了水的小骆驼们最后满眼含着泪水，恋恋不舍地回头看了看泉水，渐渐消失在茫茫大漠深处……

★ 生存感悟

真爱无敌，老骆驼们的自沉无疑是动物世界中最壮观、最美丽的一跃。可见，无论是人类还是动物界，对子女的爱都是一样的伟大，伟大到可以牺牲自己的性命去换取子女的生存。

礼物的一部分

在夏威夷一个偏远的小岛上，7岁的杰克问老师："为什么人们在圣诞节时要互赠礼物？"

老师温柔地说："礼物表示了我们对耶稣降临的欢迎和彼此之间的爱，而耶稣就是上帝给我们的最好礼物。"

圣诞节到了，杰克为老师带来了礼物，是一枚闪闪发光的贝壳。

老师非常惊讶："小杰克，你在哪里找到了这么光洁、斑斓的宝贝？"

杰克说，爷爷告诉过他，三十多英里外一个叫库拉的隐秘海滩上有时会出现这种贝壳。

"哦，它太美了！我会一辈子珍惜的。但你不应该为此走那么远的路。"

杰克眨着眼睛认真地说："不，老师，走路也是我礼物的一部分。"

✦ 生存感悟

孩子们的爱，常常表现在细微之处，她或许不像 100 分、奖杯那么现实，但却是父母师长们辛苦付出后最殷实的收获。

了不起的 100 块钱

姐妹 3 个，最大的 14 岁，最小的才 7 岁。她们的父母在一次车祸中不幸丧生，只剩下老弱的爷爷带着 3 个孙女艰难度日。去年夏天，姐姐考上了县重点中学，却无钱就读。好心的记者写了篇报道，希望好心人能献出一份爱心，后来女孩收到了 500 块钱的捐款。除去学费，还剩下 200 块钱做生活费。

一个学期过去了，过春节时姐姐回家过年。爷爷愁眉不展地告诉她："你妹子没钱上学了。"姐姐犹豫了一下，从贴身的布兜里掏出一张被揉搓得不成样子的百元钞票，递到爷爷手中。

爷爷问："学校免你的费用了？"

孙女摇头。

爷爷又问："你偷别人的钱了？"

孙女还是摇头。

"那你是从哪里来的这 100 块钱？"

"就是人家捐的那些钱中剩的。"

这个女孩子，半年的生活费只用掉了 100 元。

这是个真实的故事，捐款人就是我，年底我应报社的要求，对受助者进行回访，目睹了这一幕。半年，100 元。一个月平均 16 元钱，每天就是 5 毛钱，一天三顿饭，那么一顿饭……

无论怎么算我都算不出 100 块钱是怎样维持了这个孩子半年的生活……

生存感悟

爱是一个大口袋，装进去的是满足感，拿出来的是成就感、幸福感。在爱的面前，人生的艰难困苦也不再可怕，因为爱可以产生战胜一切困难的奇迹，让人们离幸福再进一步。

慧

先付出的爱

张太太性格孤僻，从不跟邻居打招呼。有一天，她正在午睡，突然听见邻居家小孩儿的尖声哭喊，起来一看，发现一股浓烟正从邻居家的屋里冒出来。

张太太慌忙地跑出去，眼看着火势越来越大，一向胆小的她居然鼓足勇气冲了进去，刚抱起小女孩儿，身子就被烧着了。当她用毛毯把小女孩儿包着冲出来时，已被大火严重灼伤。

火灾之后，张太太居然开始主动去邻居家串门了，她尤其关心救下的小女孩儿，总买东西给她。有时候小女孩儿不用功、不听话，她竟然气得直哭。朋友不解地问："你以前从来不关心邻居，为什么现在对小女孩儿好得胜过自己的孩子呢？"张太太回答："因为我差点为她送了命！"

044

生存感悟

对别人的爱，并不一定起于别人爱自己之后的回报，往往由于自己最先的奉献与牺牲，付出越多，爱得愈深。

多和陌生人说话

在美国纽约的时代广场上，每天徘徊着一位白发的老太太。有人认为她是在锻炼身体，有人认为她是个无家可归的老人。有一天，报纸上

登出了有关这位老太太的感人报道，原来她每天是在来往的人群中搜寻面带焦虑、心事重重、需要帮助的无助者。

见到独自乱跑的小朋友，她就上前问一句："小家伙，是不是找不到家了？需要我帮忙吗？"见到面带忧郁的女孩，她就上前问一句："孩子，有什么不开心的事吗？说出来吧，或许我能帮助你。"见到心事重重的老年人，她也会主动上前打个招呼："遇到为难的事了吧？用不用我给你出出主意？"

她救助过因长期失业感到前途迷茫而企图自杀的青年男女，送还过离家出走的学生和迷途的智障老人，救助过被拐骗的少女，还曾成功地劝说走投无路的犯罪分子投案自首。

一位曾经想要自杀的男人现在已经是一家跨国公司的部门经理。他在回忆被老人帮助的情形时说："听到她关切的问话后，我竟然情不自禁地扑到她怀里大哭了一场，当时我觉得她就是我的母亲。"在老太太的劝导下，他重树了信心。

在这位老人的影响下，纽约成立了一个自发性的白发老人救助组织，他们的口号是："多和陌生人说话"。现在越来越多的退休老人加入到了这个行列，像那位老妇人一样，走上街头用他们那双见多识广的眼睛，去搜寻来来往往的人群，发现可能需要帮助的人，他们就会主动上前，去和陌生人说话。

★ **生存感悟**

　　多和陌生人说话，让我们用一次主动的倾心交谈去挽回一个遗憾，创造一份美丽，营造一种温暖，让世界充满爱。

第二辑

四个人的命运

从前，有两个饥饿的人得到了一位先知的恩赐：一根鱼竿和一篓鲜活的大鱼。其中，一个人要了一篓鱼，另一个人要了一根鱼竿，于是他们分道扬镳了。得到鱼的人就在原地用干柴搭起篝火煮起了鱼，他狼吞虎咽，都没来得及品味鱼肉的鲜味，就一口气连鱼带汤地吃了个精光。不久，他便饿死在空空的鱼篓旁。

另一个人则提着鱼竿继续忍饥挨饿，一步步艰难地向海边走去，可当他已经看到不远处那片蔚蓝色的海洋时，他浑身的最后一点力气也使完了，他也只能眼巴巴地带着无尽的遗憾离开了人世。

又有两个饥饿的人，他们同样得到了先知恩赐的一根鱼竿和一篓鱼。只是他们并没有各奔东西，而是商定共同去找寻大海。他俩每次只煮一条鱼，他们经过遥远的跋涉，来到了海边。从此，两人开始了捕鱼为生的日子，几年后，他们盖起了房子，有了各自的家庭、子女，有了自己建造的渔船，过上了幸福安康的生活。

✦ 生存感悟

只贪图眼前的安逸，就只能维持短暂的欢愉；目标高远，但也要面对现实，从积跬步开始。只有把理想和现实有机结合起来，才有可能成为一个成功之人。

人生的阶梯

有一对兄弟，他们的家住在80层楼上。有一天他们外出旅行回家，发现大楼停电了！虽然他们背着大包的行李，但看来没有别的选择，于是哥哥对弟弟说，我们就爬楼梯上去！

于是，他们背着两大包行李开始爬楼梯。爬到20楼的时候他们感觉累了，哥哥说："包太重了，不如这样吧，我们先把行李放在这里，等来电后坐电梯来拿。"于是，他们把行李放在了20楼，轻松多了，继续向上爬。

他们有说有笑地往上爬，但是好景不长，到了40楼，两人实在太累了。想到还只爬了一半，两人开始互相埋怨，指责对方不注意大楼的停电公告，才会落得如此下场。

他们边吵边爬，就这样一路爬到了60楼。到了60楼，他们累得连吵架的力气也没有了。弟弟对哥哥说："我们不要吵了，爬完它吧。"于是他们默默地继续爬楼，终于80楼到了！兴奋地来到家门口，兄弟俩才发现他们的钥匙忘在了20楼的包里了。

049

★ 生存感悟

有人说，这个故事其实就是反映了我们的人生：20岁之前，我们活在家人、老师的期望之下，背负着很多的压力、包袱，自己也不够成熟、能力不足，因此步履难免不稳。

20岁之后，离开了众人的压力，卸下了包袱，开始全力以赴地追求自己的梦想，就这样愉快地过了20年。

可是到了 40 岁，发现青春已逝，不免产生许多的遗憾和追悔，于是开始遗憾这个、惋惜那个、抱怨这个、嫉恨那个……就这样在抱怨中度过了 20 年。

到了 60 岁，发现人生已所剩不多，于是告诉自己不要再抱怨了，就珍惜剩下的日子吧！于是默默地走完了自己的余年。到了生命的尽头，才想起自己好像有什么事情没有完成。原来，我们很多梦想都留在了青春岁月，还没有来得及完成……

抉 择

一个农民从洪水中救起了他的妻子，他的孩子却被淹死了。

事后，人们议论纷纷。有的说他做得对，因为孩子可以再生一个，妻子却不能死而复活。有的说他做错了，因为妻子可以另娶一个，孩子却不能死而复活。

我听了人们的议论，也感到疑惑难决：如果只能救活一人，究竟应该救妻子呢，还是救孩子？

于是我去拜访那个农民，问他当时是怎么想的。

他答道："我什么也没想。洪水袭来，妻子在我身边，我抓住她就往附近的山坡游。当我返回时，孩子已经被洪水冲走了。"

★ **生存感悟**

想想农民朴实无华的话，所谓人生的抉择不少便是如此：在这种特定的危急时刻，只有凭着本能直觉采取行动，思考后果已经没有意义。

真正的生

苏格拉底 70 岁的时候，眼睛深凹，白花花的胡子一大把。在牢里关了好几天了，明后天等船回来，就要执行死刑了。

克瑞图是苏老头的老朋友，已经滔滔不绝用尽了口舌，恳求苏老头逃狱。"钱，包在我身上，"他说，"更何况，你死了，谁来照顾你的小孩儿?"

可是苏老头顽固得很，他一本正经地说："雅典政府以'妖言惑众'判我死刑，固然不合理，但是我如果逃狱而破坏了雅典的法制，那就等于以其人之'恶'还治其人，使我自己也错了。你要知道，两恶不能成一善。"

"当我对一个制度不满的时候，我有两条路：或者离开这个国家；或者遵循合法的途径去改变这个制度。但是我没有权利以反抗的方式去破坏它。让雅典人杀我吧！我愿意做一个受难者而死，不愿做一个叛逆者而生。"他继续说道。

苏老头仰头吞了毒药而死，黄黄的药水流下来，弄脏了他的胡子。

051

★ 生存感悟

信仰是一种伟大的情感，一种创造力。人可以使自己所爱的东西变得可爱，也能使自己所信仰的东西变得神圣。

马

马，本来自由自在地在山间撒野，渴了喝点山泉，累了就睡在地上晒太阳，无忧无虑。可是自从有了伯乐，马的命运就改变了，给它的头戴上笼辔，在它的背上置放鞍具，拴着它，马的死亡率已经是十之二三了。然后再逼着它运输东西，强迫它日行千里，在它的脚上钉上铁掌，马的死亡率就过半了。马本来就是毫无规矩毫无用处的动物，让它吸取日月之精华，天地之灵气，无用无为，才能享尽天年。教化它，让它懂得礼法，反而害了它的生命。

052

★ 生存感悟

人何尝不是如此呢？在规矩的约束下我们是否也丧失了本我，成天遵循别人制定的礼仪，逼迫自己去做不愿意做的事情，有限的生命还剩下多少呢？

钢玻璃杯的故事

一个农民，初中只读了两年，家里就没钱供他继续上学了。他辍学回家，帮父亲耕种三亩薄田。在他19岁时，父亲去世了，家庭的重担全部压在了他的肩上。他要照顾身体不好的母亲，还有一位瘫痪在床的祖母。

上世纪80年代，农田承包到户。他把一块水洼挖成池塘，又想养鱼。但乡里的干部告诉他，水田不能养鱼，只能种庄稼，他只好又把水

塘填平。这件事成了一个笑话，在别人的眼里，他是一个想发财但又非常愚蠢的人。

听说养鸡能赚钱，他向亲戚借了 500 元钱，养起了鸡。但是一场洪水后，鸡得了鸡瘟，几天内全部死光。500 元对别人来说可能不算什么，对一个只靠三亩薄田生活的家庭而言，不啻天文数字。他的母亲受不了这个刺激，竟然忧郁而死。

他后来酿过酒，捕过鱼，甚至还在石矿的悬崖上帮人打过炮眼……可都没有赚到钱。

35 岁的时候，他还没有娶到媳妇。即使是离异的有孩子的女人也看不上他。因为他只有一间土屋，随时有可能在一场大雨后倒塌。娶不上老婆的男人，在农村是没有人看得起的。

但他还想搏一搏，就四处借钱买了一辆手扶拖拉机。不料，上路不到半个月，这辆拖拉机就载着他冲入一条河里。他断了一条腿，成了瘸子。而那拖拉机，被人捞起来，已经支离破碎，他只能拆开它，当做废铁卖。

几乎所有的人都说他这辈子完了。

但是后来他却成了一家公司的老总，手中有两亿元的资产。现在，许多人都知道他苦难的过去和富有传奇色彩的创业经历。许多媒体采访过他，许多报告文学描述过他。

记者问他："在苦难的日子里，你凭什么一次又一次毫不退缩？"

他坐在宽大豪华的老板台后面，喝完了手里的一杯水。然后，他把玻璃杯子握在手里，反问记者："如果我松手，这只杯子会怎样？"

记者说："摔在地上，碎了。"

"那我们试试看。"他说。

他手一松，杯子掉到地上发出清脆的声音，但并没有破碎，而是完好无损。他说："即使有 10 个人在场，他们都会认为这只杯子必碎无疑。但是，这只杯子不是普通的玻璃杯，而是用玻璃钢制作的。"

✦ 生存感悟

这样的人，即使只有一口气，他也会努力去拉住成功的手，除非上苍剥夺了他的生命。的确，顽强的意志是人生走向胜利之巅最可靠的保障。它使人无所畏惧，在某些看似毫无希望的时刻仍使人能奋力一搏而突破所有障碍。

宁静的真谛

国王提出要拿出一大笔赏金，看谁画得出最能代表平静祥和的意象。很多画家将自己的作品送到皇宫，有的画了黄昏森林；有的画了宁静的河流；小孩在沙地上玩耍；彩虹高挂天上；沾了几滴露水的玫瑰花瓣。

国王亲自看过每件作品，最后只选出两件。

第一件作品画了一池清幽的湖水，周围的高山和蓝天巨细无遗地倒映在湖面上，天空点缀了几抹白云。仔细看的话，还可以看到湖的左边角落有座小屋，打开一扇窗户，有炊烟从烟囱中袅袅升起，表示有人在准备晚餐，菜色简单却美味可口。

第二幅画也画了几座山，山形阴暗嶙峋，山峰尖锐孤傲。山上的天空漆黑一片，闪电从乌云中落下，也降下了冰雹和暴雨。

这幅画和其他作品格格不入，不过仔细一看，可以看到险峻的岩石堆中有个小缝，里面有个鸟窝。尽管身旁风狂雨暴，小燕子还是蹲在窝里，气定神闲。

国王将朝臣召唤过来，将首奖颁发给第二幅画，他的解释是：宁静

祥和，并不是要到全无噪音、全无问题、全无辛勤工作的地方才找得到。宁静祥和的感觉，能让人即使身处逆境也能维持心中一片清静。宁静的真谛就只有这么一个。

✦ 生存感悟

当我们不能在内心找到安静时，那么再去到任何地方找都是徒劳的。内心的宁静，灵魂的澄澈，最终会使你的内心世界变得纯粹，从容应对外部世界的变化。

弹性生存

加拿大魁北克有一条南北走向的山谷。山谷没有什么特别之处，唯一能引人注意的是它的西坡长满松、柏、女贞等，而东坡却只有雪松。

这一奇异景色之谜，许多人不知所以，然而揭开这个谜的，竟是一对夫妇。

1993 年的冬天，这对夫妇的婚姻正濒于破裂的边缘。为了找回昔日的爱情，他们打算做一次浪漫之旅，如果能找回就继续生活，否则就友好分手。他们来到这个山谷的时候，下起了大雪，他们支起帐篷，望着满天飞舞的大雪，发现由于特殊的风向，东坡的雪总比西坡的大且密。不一会儿，雪松上就落了厚厚的一层雪。不过当雪积到一定程度，雪松那富有弹性的枝丫就

会向下弯曲，直到雪从枝上滑落。这样反复地积，反复地弯，反复地落，雪松完好无损。可其他的树，却因没有这个本领树枝被压断了。

妻子发现了这一景观，对丈夫说："东坡肯定也长过杂树，只是不会弯曲才被大雪摧毁了。"

少顷，两人突然明白了什么，拥抱在一起。

✦ 生存感悟

对于外界的压力要尽可能地去承受，在承受不了的时候，学会弯曲一下，像雪松一样让一步，这样就不会被压垮。变通是医治压力的一剂良药。

习惯人生

父子俩住山上，每天都要赶牛车下山卖柴。老父较有经验，在前面驾车。山路崎岖，弯道特多，儿子眼神较好，总是在要转弯时提醒道："爹，转弯啦！"

有一次父亲因病没有下山，儿子一人驾车。到了弯道，牛怎么也不肯转弯，儿子用尽各种方法，下车又推又拉，用青草诱之，牛一动不动。

到底是怎么回事？儿子百思不得其解。最后只有一个办法了，他左右看看无人，贴近牛的耳朵大声叫道："爹，转弯啦！"

牛应声而动。

⭐ **生存感悟**

　　牛用条件反射的方式活着，而人则以习惯生活。一个成功的人晓得如何培养好的习惯来代替坏的习惯，当好的习惯积累多了，自然会有一个好的人生。

沉默的大多数

毕业典礼上，校长宣布全年级第一名的同学上台领奖。

可是连续叫了好几声之后，那位学生才慢慢地走上台。

后来，老师问那位学生说："怎么了？是不是生病了？还是没听清楚？"

学生答："不是的，我是怕其他同学没听清楚。"

⭐ **生存感悟**

　　名与利是多少人的捆绑、多少人的心结？我们被教育要争气、要出头，但是能出头的人在少数，沉默的大众毕竟还是多数。想一想，有那么多人都和你我一样平实地活着，不也是一件令人欣慰的事吗？

上帝打开了另一扇窗

两个旅行中的天使到一个富有的家庭借宿。这家人对他们并不友好，拒绝让他们在舒适的客人卧室过夜，而是在冰冷的地下室给他们找了一个角落。当他们铺床时，较老的天使发现墙上有一个洞，就顺手把它修补好了。年轻的天使问为什么，老天使答道："有些事并不像看上去的那样。"

第二晚，两人又到了一个非常贫穷的农家借宿。主人夫妇俩对他们非常热情，把仅有的一点点食物拿出来款待客人，然后又让出自己的床铺给两个天使。第二天一早，两个天使发现农夫和他的妻子在哭泣，他们唯一的生活来源——一头奶牛死了。

年轻的天使非常愤怒，他质问老天使为什么会这样，第一个家庭什么都有，老天使还帮助他们修补墙洞，第二个家庭尽管如此贫穷还是热情款待客人，而老天使却没有阻止奶牛的死亡。

"有些事并不像看上去的那样。"老天使答道，"当我们在地下室过夜时，我从墙洞看到墙里面堆满了金块。因为主人被贪欲所迷惑，不愿意别人分享他的财富，所以我把墙洞填上了。昨天晚上，死亡之神来召唤农夫的妻子，我让奶牛代替了她。所以有些事并不像看上去的那样。"

058

生存感悟

有些时候事情的表面并不是它实际应该的样子。如果你有信念，坚信付出总会得到回报，那么即使你暂时被剥夺或受到不公的待遇，但最终还是会得到应该得到的一切。

爱人之心

有位孤独的老人，无儿无女，又体弱多病。他决定搬到养老院去。老人宣布出售他漂亮的住宅，购买者闻讯蜂拥而至。住宅底价8万英镑，但人们很快就将它炒到了10万英镑。价钱还在不断攀升。老人深陷在沙发里，满目忧郁，是的，要不是健康情形不行，他是不会卖掉这栋陪他度过大半生的住宅的。

一个衣着朴素的青年来到老人眼前，弯下腰，低声说："先生，我

也好想买这栋住宅，可我只有一万英镑。可是，如果您把住宅卖给我，我保证会让您依旧生活在这里，和我一起喝茶、读报、散步，天天都快快乐乐的——相信我，我会用整颗心来照顾您！"

老人颔首微笑，把住宅以一万英镑的价钱卖给了他。

✦ 生存感悟

金钱可以买到美食，可以买到漂亮的首饰，但买不到一颗赤诚的心。无价的真诚可以得到无私的回报。

人生的五枚金币

有个叫阿巴格的人生活在内蒙古草原上。有一次，年少的阿巴格和他爸爸在草原上迷了路，阿巴格又累又怕，到最后快走不动了。

爸爸就从兜里掏出五枚硬币，把一枚硬币埋在草地里，把其余四枚放在阿巴格的手上，说："人生有五枚金币，童年、少年、青年、中年、老年各有一枚。你现在才用了一枚，就是埋在草地里的那一枚，你不能把五枚都扔在草原里，你要一点点地用，每一次都用出不同来，这样才不枉人生一世。"

"今天我们一定要走出草原，你将来也一定要走出草原。世界很大，人活着，就要多走些地方，多看看，不要让你的金币没有用就扔掉。"

在父亲的鼓励下，那天阿巴格走出了草原。长大后，阿巴格离开了家乡，成了一名优秀的船长。

✦ 生存感悟

人生有浅滩，有激流，有坦途，有深渊。激流和深渊本身并不可怕，可怕的是面对险境停止了步伐。有的时候，多迈出一步便走向了胜利。

靠自己

某人在屋檐下躲雨，看见观音正撑伞走过。这人说："观音菩萨，普度一下众生吧，带我一段如何？"

观音说："我在雨里，你在檐下，而檐下无雨，你不需要我普度。"这人立刻跳出檐下，站在雨中："现在我也在雨中了，该普度我了吧？"观音说："你在雨中，我也在雨中，我不被淋，因为有伞；你被雨淋，因为无伞。所以不是我普度自己，而是伞普度我。你要想普度，不必找我，请自找伞去！"说完便走了。

第二天，这人遇到了难事，便去寺庙里求观音。走进庙里，才发现观音的像前也有一个人在拜，那个人长得和观音一模一样，丝毫不差。

这人问："你是观音吗？"

那人答道："我正是观音。"

这人又问："那你为何还拜自己？"

观音笑道："我也遇到了难事，但我知道，求人不如求己。"

★ 生存感悟

谁仰赖别人的餐桌，往往最后才轮到吃饭。不管我们踩什么样的高跷，没有自己的脚都是不行的。这个世界上最放心可以依靠的人是我们自己，让自己变得可靠才是最安全的选择。

色即是空

老和尚携小和尚下山化斋，途遇一条河，见一女子正想过河，却又不敢过。老和尚便主动背该女子趟过了河，然后放下女子，与小和尚继续赶路。小和尚不禁一路嘀咕："师父怎么了？竟敢背一女子过河？"一路走，一路想，最后终于忍不住了，说："师父，你犯戒了。怎么背了女人？"老和尚叹道："我早已放下，你却还放不下！"

✦ 生存感悟

一座从不受到攻击的城堡是容易守卫的；心中无色，何来放下一说呢？心胸坦荡，才能保持健康的心态。

锅的尺度

061

有一个人在河边钓鱼。他钓了非常多的鱼，但每钓上一条鱼就拿尺量一量。只要比尺大的鱼，他都丢回河里。

旁观人见了不解地问："别人都希望钓到大鱼，你为什么将大鱼都丢回河里呢？"

这人不慌不忙地说："因为我家的锅只有尺这么宽，太大的鱼装不下。"

✦ 生存感悟

节制就是使自己的欲求服从于理智而做的调节。不让无穷的欲念攫取己心，只取自己够用的，这是一种超脱的生活态度。

绝处逢生

有一个人在沙漠行走了两天，途中遇到暴风沙。一阵狂沙吹过之后，他已认不得正确的方向。正当快撑不住时，他发现了一个废弃的小屋。这是一间不通风的小屋子，里面堆了一些枯朽的木材。他几近绝望地走到屋角，却意外地发现了一座抽水机。

他兴奋地上前汲水，却怎么也抽不出半滴来。他绝望地倒在地上，却看见抽水机旁有一个用软木塞堵住瓶口的小瓶子，瓶上贴了一张泛黄的纸条，纸条上写着：你必须用水灌入抽水机才能引水！不要忘了，在你离开前，请再将水装满！他拔开瓶塞，发现瓶子里，果然装满了水！

他开始权衡利弊：如果自私点，只要将瓶子里的水喝掉，他就不会渴死，就能活着走出这间屋子；如果照纸条做，把瓶子里唯一的水，倒入抽水机内，万一把水倒进去抽不出水来，他就会渴死在这地方了……到底要不要冒险？

最后，他决定把瓶子里唯一的水，全部灌入看起来破旧不堪的抽水机里，以颤抖的手汲水，水真的大量涌了出来！

★ 生存感悟

《圣经·新约加拉太书》中曾言：你们各人的重担要相互担当。帮人犹如帮自己，在取得之前，要先学会付出。

人生的英文字母

A——Acknowledging(感激)

感激上帝给予你的一切。

B——Belief(信念)

做每一件事要有坚定的信念。

C——Confidence(信心)

对自己充满自信心。

D——Dreaming(梦想)

有空不妨做做白日梦。

E——Empathy(心灵相通)

站在对方的立场上为对方想想。

F——Fun(乐趣)

享受现有的一切。

G——Giving(给予)

将你所能给予的都给予你周围的人。

H——Happiness(幸福观)

为你的生活及所做的事感到满意。

I——Imagination(想象力)

伸出你想象的翅膀去追求你的梦想。

J——Joy(欢乐)

把你的欢乐带给你所认识的人。

K——Knowledge(知识)

不断学习各种知识。

L——Love(爱心)

奉献你的爱心及爱的精神。

M——Motivation(激励)

不断激励自己实现自我超越。

063

N——Nice(友善)

即使对陌生人也保持一颗善心。

O——Openness(开化)

敞开你的胸怀去接受新事物。

P——Patience(耐心)

坚持就是胜利，耐心等待成功的出现。

Q——Quiet(安宁)

找一段安宁的时间、安宁的地方去好好反省自己。

R——Respect(尊重)

尊重所有的种族、宗教、文化、信仰及价值观。

S——Smile(微笑)

用微笑面对绝望的困境。

T——Trust(信任)

用宽容的心得到别人的信任。

✦ 生存感悟

以上有关人生的英文字母可以说是对人生智慧的全面概括，努力去实现应该会获得精彩的人生。

农夫的哲学

有一位农夫，家境贫寒，却十分懒惰，疏于劳作。别人忙于农事时，他却常常躺在树荫下乘凉。一次，又值农忙季节，一个下田去干活的邻居看到他还像没事人似的悠然躺在大树下，就劝他道："你不该这

样活着。"

农夫问："哦，那应该怎么活？"

邻居说："你应该比别人更勤于耕作，春天不要偷懒，夏天不要怕热，早出晚归，把你田里的庄稼种好。"

"那以后呢？"农夫问。

"到秋天，你就可以收获很多的粮食。"邻居说，"你再省吃俭用，又会节余下很多粮食。把节余的粮食卖了，换成钱，又可以买许多田地。有了更多的田，你可以打更多的粮，卖更多的钱。这样下去，你就越来越富有，过些年，你就可以盖深宅大院，买许多骡马，雇一大群人替你干活了。"

"再以后呢？"农夫问。

"那以后你就自在了。别人去干活，你就可以舒舒服服躺在树荫下过日子啦！"

"现在，我不就是舒舒服服地躺在树荫下吗？"

065

✦ 生存感悟

抛弃奢望，我们将得到日益增长的安宁。农夫的达观正是一种积极地活在当下、享受当下的心态。这种心态使人得以开一扇品味人生的从容与自得的窗，关一扇充满了焦虑与浮躁的门。

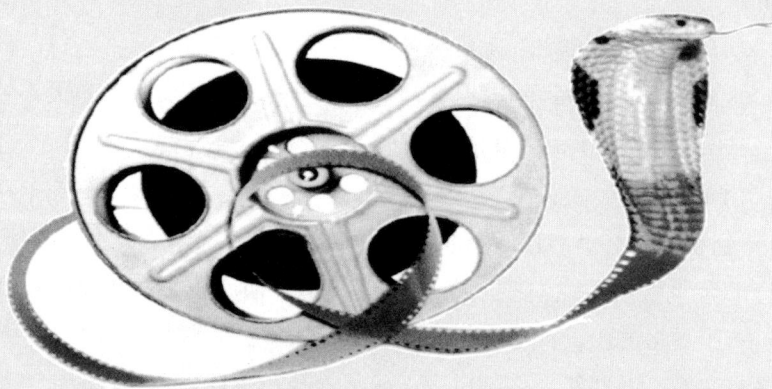

死人复活术

两个外地人乘车来到一个小城市，在一家旅馆投宿。店主像通常所做的那样，问他们姓名、职业以及要在此处住多久。这两个外地人说："我们是格劳克城的著名医生，大约要在这儿住四个星期。但您不要将这告诉任何人，因为我们要在这里做一个试验，我们需要安静。"

好奇的店主问："究竟做什么试验？"

"在格劳克城我们做出了一个奇迹的试验：将死人重新搞活过来。这种试验，我们在那里用了三个星期时间。现在我们要在这里，在另一种条件下重做。"

显然，店主立即将这奇怪的故事传开了。开始人们对此只是一笑了之，但这两个外地人的行动却渐渐地引人注意了。他俩经常到公墓去，久久停留在一些坟墓前，其中包括一个富商的年轻妻子的墓。他们还同人们交谈，询问有关这位年轻太太和其他葬于此公墓的死人的情况。

整个小城渐渐处于一种奇异的不安之中。首先是那个商人比尔，他真的相信这种神奇的试验会成功。他同城里的医生交谈，现在连医生的脸也严肃起来了。三个星期的时间快要过去了，肯定要发生什么事了。

第三个星期的周末，这两个外地人收到了商人比尔的一封信。"我

曾有过一个像天使一般的妻子，"他写道，"但她重病缠身，我很爱她，也正因为如此，我不希望她重返病体。你们别扰乱她的安宁啊！"信封里放了一大笔表明是作为谢礼的钱。

在第一封信之后，其他的信接踵而来。

一个侄子继承了他叔叔的遗产，很为他死去的叔叔再复活而担忧。一个在其丈夫死后又重新改嫁了的女人写道："我的丈夫很老了，他不想再活了。他已得到了他的安宁……"这些信的信封里也都放着一笔钱。

两个外地人对此一言不发，夜里继续他们的公墓之行。这时，小城的市长进行干预了。他当市长不久，而且很想长期当下去，不愿再跟死去的市长会面。他向这两个外地人提供了一大笔钱。他写道："我们的条件是你们不要再继续试验下去了，我们相信你们能将死人搞活，我们还可以给你们一份试验成功的证明，你们立刻离开这个城市吧！"

这两个外地人拿了钱和证明，收拾起他们的行装，离开了这城市。"试验"成功了。

067

 **生存感悟**

继承叔叔遗产的侄子担心失去继承权，刚上任的市长不想丢掉官职……在人性的弱点面前，小镇的居民失去了最基本的智慧，被显而易见的欺骗迷惑。生活中不能缺少防骗的智慧。

上帝与三个商人

第一个商人说："尽管我经营的生意几乎破产，但我和我的家人并不在意，我们生活得非常幸福快乐。"上帝听了，给他打了50分。

第二个商人说："我很少有时间和家人呆在一起，我只关心我的生意。你看，我死之前，是一个亿万富翁！"上帝听罢默不作声，也给他打了50分。

这时，第三个商人开口了："我在人世时，虽然每天忙着赚钱，但我同时也尽力照顾好我的家人。朋友们很喜欢和我在一起，我们经常在钓鱼或打高尔夫球时，就谈成了一笔生意。活着的时候，人生多么有意思啊！"上帝听他讲完，立刻给他打了100分。

✦ 生存感悟

不会欣赏和享受每日的生活是我们最大的悲哀。现代人总是为了赚钱而无意中透支了"此刻的生活"。学习享受已经拥有的时间、金钱与爱才是我们最重要的一课……

青少年 生存智慧故事

一个半朋友

从前有一个仗义的广交天下豪杰的武夫。他临终前对儿子说："别看我自小在江湖闯荡，结交的人如过江之鲫，其实我这一生就交了一个半朋友。"

儿子纳闷不已。父亲贴近他的耳朵交代一番，然后对他说："你按我说的去见见我的这一个半朋友，朋友的要义你自然就会懂得。"

儿子先去了他父亲认定的"一个朋友"那里，对他说："我是某某的儿子，现在正被朝廷追杀，情急之下投身你处，希望予以搭救！"

这人一听，容不得思索，赶忙叫来自己的儿子，喝令儿子速速将衣服换下，穿在了眼前这个并不相识的"朝廷要犯"的身上，而自己的儿子却穿上了"朝廷要犯"的衣服。

儿子明白了：在你生死攸关的时刻，那个能与你肝胆相照，甚至不惜割舍自己亲生骨肉来搭救你的人，可以称作你的一个朋友。

儿子又去了他父亲说的"半个朋友"那里，抱拳相求把同样的话诉说了一遍。这"半个朋友"听了，对眼前这个求救的"朝廷要犯"说："孩子，这等大事我可救不了你，我这里给你足够的盘缠，你远走高飞快快逃命，我保证不会告发你……"

儿子明白了：在你患难的时刻，那个能够明哲保身、不落井下石加害你的人，可称作你的半个朋友。

069

★ 生存感悟

你可以广交朋友，也不妨对朋友用心善待，但绝不可以苛求朋友给你同样回报。善待朋友是一件纯粹的快乐的事，

其意义也正在此。如果苛求回报，快乐就大打折扣。

生命角色

浙江电视台的一个娱乐节目中，请来了一位打铁匠，胡子拉碴的。第一次面对镜头，憨厚淳朴的他立在台上手足无措。

他要模仿世界著名的男高音歌唱家帕瓦罗蒂，主持人说他在当地是著名的打铁匠，也是著名的歌唱家。

台下发出阵阵笑声，他也憨憨地笑。

主持人让他唱一段。他脸上的神色一闪，刚才的憨笑和失调的动作一扫而空。音乐响起，立于台中的他竟然有七分粗犷、三分艺术效果，令人不由得为之叫好。

《我的太阳》的歌声从他的喉中发出，竟然辨不出真伪。再看他，依然十分陶醉，全身心地投入到了音乐之中。这哪是一个农民，又哪是一位干粗活的打铁匠，分明是一位不修边幅的艺术家啊！他的表情是如此的丰富，声音是如此具有感染力，全身每一个部位仿佛都与音乐有关。

一曲罢了，台下掌声一片。

他说，前些天感冒了，否则会唱得更出色。说完这句话后，他又现出了一个未见过世面的农民模样，两只手也不知如何安放才好……

 **生存感悟**

不论你在社会上扮演何种角色，一旦脱离自己的角色，我们就都成了普通人。但普通人有普通人的精彩，不容小视，有时候其爆发出来的能量往往更震撼人心。

压筐的石头

　　小时候家里很穷，野菜都成了我们糊口的粮食。我常和父亲一起去地里挖野菜，每次开始挖之前，父亲总把一块很重的石头压在筐底。筐子里放了一块石头，让拎筐子的我觉得越走越沉。可是父亲只说了一句："无论什么时候都要记得在你的筐子里放一块石头。"

　　我一直不能理解父亲这句话的含义，直到他故去多年后的今天：人生的许多东西都只是你筐子里的野菜，比如钱财、比如荣耀……这些东西都是你在人生的旅途中不断经过和不断拾取的，而质朴的心就是我们人生筐底的一块石头。

★　生存感悟

　　人生的旅途中，我们可能会觉得这块"石头"过于沉重，但只有这份沉重才能让我们走得更稳健、更执著。

慧

等会儿再自杀

我的一个年轻的朋友想要自杀，他的父母非常担心，将他自己关在房间里。

所有的邻居都聚集在那里，他们都试着去说服他，但他变得很安静，敲他的门，他也不回答。

他们非常害怕："他是不是自杀了？或者他即将自杀？到底发生了什么事？"他们很恐慌。

他父亲跑来找我，说："请你过来，事情很紧急，要赶快想办法，我儿子有生命危险。"

我去那里，他们都在哭，因为他是独子。我敲了他的门，然后说："听着，孩子，如果你真的想要自杀，不应该用这种方式，为什么要惹来一大堆人围观？为什么要造成那么大的纷扰？我开车来，我可以带你到纳玛达河边一个漂亮的地方，你可以从那里跳下去。"

他把门打开，用一种很怀疑的眼光注视着我，表示不相信。我说："你跟我来。"这次他乖乖地跟在我的身后走出来。

我问他："在你自杀之前，你还有什么事要做？想不想吃点意大利菜或意大利面？或其他的东西？想不想看一场电影？想不想去看你的女朋友，或其他事？因为这是你最后的机会。"

"我还有其他的事要做，所以最好快点把要做的事做完，我想要在晚上12点以前回到家，所以在11点的时候我们就要离开，你跳下去，我跟你说再见，事情就结束了！为什么要做出那么多无意义的事？何况死在这里也不是一个好地方，这里是嘈杂的市场。"

渐渐地，他只是听我讲，不置可否，他说："我没有什么事要做，但是我很累，我想要睡几个小时。"

我说："好，你就睡在我房间，我也要睡，然后我们可以用闹钟定时间，到时候我们就去。"

所以我就拨好闹钟，我看到他睡不着，在床上翻来翻去，当闹钟一响，他立刻将它按掉，我说："你在干什么？"

他说："我非常累！"

我说："我不累，这是我的问题，因为我去了还要再回来。你只要去这最后一次，所有的事情就一了百了了。疲累、这个、那个，这些都不是一个要死的人该有的问题，疲累或休息得很舒服有什么关系？你就上车吧！"

他变得非常生气，说："你是我的朋友还是我的敌人？我不想自杀！你为什么要逼我自杀？"

我说："我并没有逼你，是你自己想要自杀的，我只是一个在帮助你的朋友，我只是配合你。如果你不想自杀，那是你的事，但是每当你想要自杀，你就来找我，我会在这里！"

结果他一直都没来，不仅如此，他还开始避开我，有好几年我没有看到他……

★ 生存感悟

人生不是一场梦，不是哲人口中那阴暗晦涩的梦。要知道，一点儿晨雨，往往就预示了美好的一天。

第三辑

馆长的谎言

博物馆被偷了！几件价值连城的宝贝都不翼而飞。

这绝不是一个人干的，而且必定都是行家，破坏警铃、开保险锁、车子接应，加上在中途换车，据推算最少有 5 个人才干得了。

政府开始悬赏，博物馆的馆长也接受了电视台访问。

他颤抖着说："13 件全是精品，尤其那个翠玉戒指，更是举世无双。爱珠宝的人，千万不能收藏，不然迟早会被发现的！因为那戒指太醒目了，什么人都一眼就看得出，那是价值连城的宝贝。"

果然，没多久就破了案。

一群窃贼虽然计划周详，没留下任何线索，却因为内部不合、两派开火而被发现。

受伤的窃贼，躺在床上吐露了实情："当时由我和另外一个人进去，我们只偷了 12 幅画，没拿什么翠玉戒指。可是外面的几个人不信，非要我们把戒指交出来，后来连我朋友都认为是我独吞了。"他大声喊着，"我没有拿！我真的没有拿！你们要相信我！"

"我相信他！"博物馆长在验收 12 幅画之后，笑道，"感谢上天，12 幅画完整无缺地回来了。至于翠玉戒指，唉！我们馆里何曾有过翠玉戒指啊？"

★ 生存感悟

凡是认为金钱万能的人，很可能为了钱而无所不为。而馆长的智慧在于他利用了窃贼的贪婪和猜疑的弱点，料到他们会为了争夺财物而起内讧。这是挽回损失的绝佳方法。

解 梦

有位秀才第三次进京赶考，住在一个常住的客店里。考试的前一天晚上，他做了三个梦，第一个梦是梦到自己在墙上种白菜；第二个梦是下雨天，他戴了斗笠还打伞；第三个梦是梦到脱光了衣服跟心爱的表妹躺在一起，但是背靠着背。

这三个梦似乎有些深意，秀才第二天就赶紧去找算命先生解梦。算命的一听，连连叹气，说："你还是回家吧。你想想，高墙上种菜不是白费劲吗？戴斗笠打雨伞不是多此一举吗？跟表妹都脱光了躺在一张床上了，却背靠背，不是没戏吗？"

秀才听了心灰意冷，回店就开始收拾包袱准备回家。店老板非常奇怪，问："不是明天才考试吗，今天你怎么就回乡了？"秀才又把解梦的经过说了一遍，店老板乐了："我也会解梦的。我倒觉得你这次应该留下来。你想啊，墙上种菜不是高种吗？戴斗笠打伞不是说明你这次有备无患吗？跟你表妹都脱光了背靠背躺在床上，不是说明你翻身的时候就能得到吗？"

秀才一听，感觉更有道理，于是全力以赴地去参加考试，居然中了个探花。

077

生存感悟

乐观者看到的是油炸面包圈，悲观者看到的则是一个大窟窿。态度决定我们的生活，有什么样的态度，就有什么样的未来。因此，乐观者的未来将是一片晴空，等待悲观者的只能是阴云密布。

爱+智慧=奇迹

一天深夜，一对年迈的夫妇走进一家旅馆，他们需要一个房间。前台侍者回答说："对不起，我们旅馆已经客满了。"看着这对老人疲惫的神情，侍者又说："但是，让我来想想办法……"

这个侍者不忍心深夜让这对老人出门另找住宿。而且在这样一个小城，恐怕其他的旅店也早已客满了，这对疲惫不堪的老人岂不是会在深夜流落街头？于是好心的侍者将这对老人引领到一个房间，说："也许它不是最好的，但现在我只能做到这样了。"老人见眼前其实是一间整洁又干净的屋子，就愉快地住了下来。

第二天，当他们来到前台结账时，侍者却对他们说："不用了，因为我只不过是把自己的屋子借给你们住了一晚上。祝你们旅途愉快！"原来如此。

侍者自己一晚没睡，他就在前台值了一个通宵的夜班。两位老人十分感动。老头儿说："孩子，你是我见到过的最好的旅店经营人，你会得到报答的。"侍者笑了笑，说这算不了什么。他送老人出了门，转身接着忙自己的事，把这件事情忘得一干二净。

没想到不久后的一天，侍者接到了一封信函，打开看，里面有一张去纽约的单程机票以及简短附言，聘请他去做另一份工作。他乘飞机来到纽约，按信中所标明的路线来到一个地方，抬眼一看，一座金碧辉煌的大酒店耸立在他的眼前。

原来，几个月前的那个深夜，他接待的是一个有着亿万资产的富翁

和他的妻子。富翁为这个侍者买下了一座大酒店，深信他会经营好这个大酒店。这就是全球赫赫有名的希尔顿饭店首任经理的传奇故事。

生存感悟

"让我来想想办法……"凭借善良的本性，再动用一下自己的智慧，爱加上智慧是能够产生奇迹的。

养牛之道

我们旅行到乡间，看到一位老农把喂牛的草料铲到一间小茅屋的屋檐上，不免感到奇怪，于是就问道："老大爷，您为什么不把喂牛的草放在地上，让它吃？"

老农说："这种草草质不好，我要是放在地上牛就不屑一顾，但是放到让它勉强可够得着的屋檐上，它就会努力去吃，直到把全部草料吃个精光。"

生存感悟

有时候人也是这样，轻而易举得到的东西往往不懂得珍惜。只有历经挫折，见识了风雨之后的彩虹，对珍惜二字的含义才会理解得更深刻。

三个金人

曾经有个小国的人到中国来，进贡了三个一模一样的金人，金碧辉

079

煌，把皇帝高兴坏了。可是这小国人不厚道，同时出一道题目：这三个金人哪个最有价值？

皇帝想了许多的办法，请来珠宝匠检查，称重量，看做工，都是一模一样的。怎么办？使者还等着回去汇报呢。泱泱大国，不会连这个小事都不懂吧？

最后，有一位退位的老大臣说他有办法。

皇帝将使者请到大殿，老臣胸有成竹地拿着三根稻草，插入第一个金人的耳朵里，这稻草从另一边耳朵出来了。第二个金人，稻草从嘴巴里直接掉出来，而第三个金人，稻草进去后掉进了肚子，什么响动也没有。老臣说：第三个金人最有价值！使者默默无语，答案正确。

★ **生存感悟**

　　最有价值的人，不一定是最能说的人。老天给我们两只耳朵一个嘴巴，本来就是让我们多听少说的。善于倾听，才是成熟的人最基本的素质。

疯子的哲学

一个心理学教授到疯人院参观，了解疯子的生活状态。一天下来，觉得这些人疯疯癫癫，行事出人意料，可谓大开眼界。想不到准备离开时，发现自己的车胎被人卸掉了。"一定是哪个疯子干的！"教授这样愤愤地想，动手拿备用轮胎准备装上，没想到连备用螺丝也被卸掉了。

教授一筹莫展。一个疯子蹦蹦跳跳地过来了，嘴里唱着不知名的欢乐歌曲。他发现了困境中的教授，停下来问发生了什么事。

教授懒得理他，但出于礼貌还是告诉了他。

疯子哈哈大笑说："我有办法！"他从每个轮胎上面卸了一个螺丝，

这样就拿到三个螺丝将备胎装了上去。

教授感激之余，大为好奇："请问你是怎么想到这个办法的?"疯子嘻嘻哈哈地笑道："我是疯子，可我不是呆子啊!"

⭐ **生存感悟**

智慧没有固定的形式。许多人在发现了工作中的乐趣之后，总会表现出惊人的狂热，那正是智慧的闪光。

书套的妙用

一位教师携妻子去沿海一城市旅游。在一座标志性建筑物面前尽情欣赏时，挎在妻子身上的包突然被抢，一个身手敏捷的男子携包跳上了一辆摩托车。情急之中，男教师大喊一声："小伙子，包里的那本英语大辞典，你看完了可要还给我!"

小偷匆忙打开包一看，气急败坏地把包摔在地上，恶狠狠地说："穷教书的，没钱在这儿扮什么酷?"然后扬长而去。

妻子跑过去打开包，去掉书套，里面的两万元现金分文不少。

慧

生存感悟

聪明人总能在适当的时候及时应变，危险关头保持冷静理智，清楚地知道自己下一步该做什么。遇事勿慌张，智慧就是你的护身符。

只要我们愿意

一天晚上，我和5岁的儿子瑞恩待在家。该是他上床睡觉的时间了，我往客厅扫了一眼，当目光落在地板上时，我知道这下可有的忙了，玩具被他扔得遍地都是。"瑞恩，你必须在睡觉之前把这些玩具都收拾好。"

瑞恩却对我说："爸爸，我太累了，没力气收拾它们了。"

我的第一反应是命令他立即把地板收拾干净。可我忍住了，走到卧室躺了下来，我对儿子说："来，我们来玩儿'矮胖子'游戏。"

他连忙跑过来爬到我膝盖上，这时我说："矮胖子，墙上坐；矮胖子，摔破头。"然后他就像儿歌里唱的那样从我膝盖上倒了下去。瑞恩大笑着爬起来，愉快地要接着玩儿。

就这样，在我们玩儿过第三次的时候我对他说："好吧，如果你想继续玩儿的话就去把地板收拾干净。"瑞恩连想都没想，为了能继续让我陪他玩儿游戏，他径直跑到客厅，用了不到两分钟的时间完成了平时要半小时才能干完的活儿。

生存感悟

只要我们愿意去做，没有什么能难倒我们。兴趣是动力之源。在兴趣面前，一切困难都可以迎刃而解，都可以忽略不计。

犹太人的智慧

在每一个犹太人家里，当小孩稍稍懂事时，母亲就会翻开圣典，点一滴蜂蜜在上面，然后叫小孩子去吻经书上的那滴蜂蜜。

犹太人的孩子几乎都要回答母亲同一个问题："假如有一天，你的房子突然起火，你会带什么东西逃跑？"如果孩子回答是钱或钻石，那么母亲会进一步问："有一种无形、无色也无气味的宝贝，你知道是什么吗？"要是孩子答不出来，母亲就会说："孩子，你应带走的不是别的，而是这个宝贝，这个宝贝就是智慧，智慧是任何人都抢不走的。你只要活着，智慧就永远跟随着你。"

生存感悟

自己的一两智慧相当于别人的一吨智慧。相信智慧，相信自己，才能使自己立于不败之地。

雨果的魄力

1830 年，法国作家雨果，同出版商签订合约，半年内交出一部作品，为了确保全力以赴，除了身上所穿的毛衣，雨果把其他的衣物全部锁在柜子里，钥匙扔进了湖里。

就这样，由于根本拿不到外出要穿的衣服，他彻底断了外出吃喝玩乐的念头，专注于小说的创作，除了吃饭睡觉，从不离开书桌，结果作品提前两周交稿。而这部仅用 5 个月时间就完成的作品，就是后来闻名于世的文学巨著《巴黎圣母院》。

✦ 生存感悟

置之死地而后生，漫漫人生路上，不留下退路，才更容易拼出一条出路。当我们难于驾驭自己的惰性和欲望，不能专心致志地前行时，不妨也采取一些斩断退路之举，逼着自己全力以赴地寻找出路，走向成功。

笨小孩

有一个小孩，大家都说他傻，因为如果有人同时给他 5 毛和 1 元的硬币，他总是选择 5 毛，而不要 1 元。有个人不相信，就拿出两个硬

币，一个 1 元，一个 5 毛，叫那个小孩任选其中一个，结果那个小孩真的挑了 5 毛的硬币。那个人觉得非常奇怪，便问那个孩子："难道你不会分辨硬币的币值吗？"孩子小声说："如果我选择了 1 元钱，下次你就不会跟我玩这种游戏了！"

✦ 生存感悟

　　许多人身上潜伏着不拿白不拿、不吃白不吃的贪婪。贪婪者必然会损害他人的利益，并招致他人的反感。人际关系一次用完，做生意一次赚足，别以为自己这样做是聪明，殊不知这都是在断自己的路，适可而止为大智。

世界地图

一个星期六的早晨，一位牧师正着手准备他的讲道。他的妻子出去买东西了。那天在下雨，他的小儿子吵闹不休，令人讨厌。最后，这位牧师在失望中拾起一本旧杂志，一页一页地翻阅，直到翻到一幅色彩鲜艳的大图画——一幅世界地图。他就从那本杂志上撕下这一页，再把它撕成了碎片，丢在地上，说："小约翰，如果你能拼拢这些碎片，我就奖励你二角五分钱。"

牧师以为这件事会使小约翰花费上午的大部分时间。但是没用10分钟，牧师就惊愕地看到小约翰已经完整地拼好了一幅世界地图。

"孩子，你怎么完成得这么快？"牧师问道。

小约翰说："地图的背面有一个人的照片。我就把这个人的照片拼到一起。然后把它翻过来，地图就拼完整了。"

牧师极其欣赏地奖励了儿子。"谢谢你，孩子。你也替我准备好了明天的讲道：如果一个人是正确的，他的世界也就会是正确的。"

✦ 生存感悟

如果你想改变生活，首先就应该改变你自己。如果你是正确的，你的世界也会是正确的。这就是积极的心态所谈的全部问题。当你抱着积极的心理态度时，一些问题自然会迎刃而解。

鱼骨刻的老鼠

在一个远方的国家，有两个非常杰出的木匠，他们的手艺都很好，难以分出高下。

国王想知道到底哪一个才是最好的木匠，于是决定办一次比赛，然后封胜者为"全国第一"的木匠。

于是，国王把两位木匠找来，为他们举办了一次比赛，限时三天，谁刻的老鼠最逼真，谁就是全国第一的木匠，可以得到巨额奖励。

在那三天里，两个木匠都不眠不休地工作，到第三天，他们把已雕好的老鼠献给国王，国王把大臣全部找来，一起做本次比赛的评审。

第一位木匠刻的老鼠栩栩如生、纤毫毕现，甚至连鼠须都会抽动。

第二位木匠的老鼠则只有老鼠的神态，却没有老鼠的形貌，远看勉强是一只老鼠，近看则只有三分像。

胜负即分，国王和大臣一致认为第一个木匠获胜。

但第二个木匠当廷抗议，他说："陛下的评审不公平。要决定一只老鼠是不是像老鼠，应该由猫来决定，猫看老鼠的眼光比人还锐利呀！"

国王想想也有道理，就叫人到后宫带几只猫来。没想到，猫都不约而同扑向那只看起来并不像老鼠的"老鼠"，啃咬、抢夺。而那只栩栩如生的老鼠却被冷落了。

事实摆在面前，国王只好把"全国第一"的称号给了第二个木匠。

事后，国王把第二个木匠找来，问

087

他："你是用什么方法让猫也以为你刻的是老鼠呢?"

木匠说："大王，其实很简单，我只不过是用鱼骨刻了只老鼠罢了！猫在乎的根本不是像与不像，而是腥味呀!"

★ 生存感悟

人生的竞赛往往是这样，获胜者往往不是技巧最好的，而是最接近人性的。除了技巧之外还应该考虑到实用价值，这样才能更容易被人们所接受。

全额退款

1992 年，第 25 届奥运会在西班牙巴塞罗那举行。

该市一家电器商店老板，在奥运会召开前向巴塞罗那全体市民宣称："如果西班牙运动员在本届奥运会上得到的金牌总数超过 10 枚，那么顾客自 6 月 3 日到 7 月 24 日，凡在本商店购买电器，就都可以得到退还的全额货款。"

这个消息轰动了巴塞罗那全市，甚至西班牙各地都知道了这件事。显而易见，大家此时在这家电器商店买电器，就等于抓住了一次可能得

到全额退款的机会。

于是，人们争先恐后地到那里购买电器。一时间，顾客云集，虽然店里的电器价格较贵，但商店的销售量还是大幅度地增加。

然而出人意料的事情发生了，才到 7 月 4 日，西班牙的运动员就获得了 10 金 1 银，正好超过了该商店老板承诺的退款底线。此时距 7 月 24 日还有 20 天的时间。如果以前购买电器的退款已成定局，那么在后 20 天内购买的电器无疑也得退款，于是人们比以前更加卖力地抢购电器。

据估计，电器商店的退款将达到 100 万美元，看来老板是非破产不可了！当顾客纷纷询问商店什么时候履约时，老板却从容不迫、出人意料地说："从 9 月份开始兑现退款。"

"这是为什么？他能退得起吗？"人们的心里难免有类似的疑问。

原来老板早做了巧妙的安排。在发布广告之前，他先去保险公司投了专项保险。保险公司的体育专家仔细分析了西班牙可能得到的金牌数，一致认为不可能超过 10 枚金牌。因为往届奥运会，西班牙得到的金牌数最多也没超过 5 枚，于是保险公司接受了这个保险。

可对于电器老板来说，却得到了一个旱涝保收、只赚不赔的保险。如果西班牙运动员在本届奥运会上得到的金牌总数不超过 10 枚，那么电器商店显然发了一笔大财，保险公司也无需赔偿，结局是双赢。

反之，如果西班牙运动员在本届奥运会上得到的金牌总数超过了 10 枚，那么电器商

店要退的货款，届时将全部由保险公司赔偿，而与电器商店毫无关系，那么电器商店无疑发了更大一笔财。不管得到多少块金牌，电器商店的老板都是只赚不赔。

生存感悟

聪明人善于把握机会、驾驭机会为自己服务。文无定体，商无定市。经商贵在斗智，善谋者胜。

宝石不如草

090

富商埃利夫和他的朋友玛迪，一起来到一座城市。

埃利夫对玛迪说："你知道吗，这座城市曾经救过我年轻的性命。那一年我从这里路过，突然急病发作，昏倒在路旁。是这座城市里最善良的人们把我背到医院，又是这座城市里最高明的医生为我治好了病。我不知道谁是我的救命恩人，因为他们都没有留下自己的姓名。后来我离开了这座城市，随着财富的增加，我越来越思念这座城市，越来越想报答我的救命恩人。"

"那么，你准备为这座城市做点什么呢？"

"把我最珍贵的三颗宝石，奉送给这里最善良的人们。"

他们在这座城市里住了下来。

第二天，埃利夫就在自己门口摆了一个小摊，上面摆着三颗闪闪发光的宝石。埃利夫还在摊位上写了一张告示："我愿将这三颗珍贵的宝石无偿送给善良的人们。"可是，过往的行人只是驻足观望了一会儿，

然后又各走各的路去了。

整整一天过去了，三颗宝石无人问津。

整整两天过去了，三颗宝石仍遭冷落。

整整三天过去了，三颗宝石还是寂寞无主。

埃利夫大惑不解。

玛迪笑了笑说："让我来做一个试验吧。"

于是，玛迪找来一根稻草，将它装在一个精美的玻璃盒里。盒中铺上红丝绒布，标签上写着："稻草一根，售价1万美元。"

此举一出，立刻产生轰动效应。人们争先恐后，前来询问稻草的非凡来历。玛迪说此稻草乃某国国王所赠，系王室家中传家之物，保佑着主人的荣华富贵。

结果，此稻草被人以8000美元买去。

三颗宝石依然在熠熠发光，而在人们眼中，它们只是假货，只是哄小孩子的东西而已。

事后，玛迪对埃利夫说："人们总是对难以到手的东西垂涎三尺，哪怕它只是一根稻草。"

✦ 生存感悟

人们对于越是轻易可以得到的东西，就越不知道珍惜，甚至把宝物看成废物。宝物放错地方成废物，

091

废物放对了地方成宝物。

慧眼识英才

林尚沃是 19 世纪朝鲜最著名的商人。他眼光独到，极富传奇色彩。

一天，有几个人不约而同来向他借钱，都说是要去做生意。林尚沃答应了，不过先只给他们各一两银子，要看 5 天后能赚多少钱再做决定。

第一个人用银子买草绳做草鞋，挣了 5 分银子；第二个人买来材料做风筝，正赶上春节，好卖，挣了 5 两银子；而第三个人则说，一两银子能干什么呢？他拿了钱就去喝酒，喝到只剩一分，就买了张纸托人给林尚沃捎了一封信：我要去寺庙里读书，请提供些开销。林尚沃让人送了 10 两银子去寺庙。

5 天很快过去了，林尚沃决定借给编草鞋的 100 两银子，借给做风筝的 200 两银子，而给第三个人 1000 两银子。有人不解，问何故。

林尚沃说："编草鞋的兢兢业业，不浪费一分钱，不会饿死，但也成不了富人；做风筝的比编草鞋的聪明，有头脑，善于把握时机，但目光短浅，他也许能成为富人，但成不了巨富；至于那书生，不为钱所累，顺其自然正是赚钱的最高境界。如果为钱拼命，根本挣不到钱；如果过分追逐，事业肯定失败。"

一年后，编草鞋的还

清了本息，还开了一间铁匠铺；做风筝的贩卖盐和干海货，已经开了5间店铺；而写信的小子空手而回，他拿了钱去平壤，被一个妓女迷住，还没搞清楚怎么回事，银子已经没有了，回来的路费都是向妓女借的。林尚沃决定再借给他2000两银子，一年后再见。但结果那家伙压根儿没露面。

一晃8年过去，那个人回来了，向林尚沃借10辆牛车，并要求安排些人。林一一应允。10天后，10辆牛车装满了质量上乘的6年人参回来了，所有人都大吃一惊，连林尚沃也感到意外。

要知道一牛车人参值10万两白银。那人道明了原委：几年前他怀揣2000两白银，马上去找那妓女，和她结了婚，过了几天好日子，直到银子只剩100两，他全部买了人参种子，振作精神，离开平壤去了开平，在深山老林里选中一处背阴的山坡，将种子随风撒下。

然后回平壤和妓女开了家酒馆。6年过去，那片山坡已成参田，为他带来了巨额财富。价值10万两白银的人参林尚沃只留了一半，慧眼识英才，没费太大的力气挣了笔巨款，皆大欢喜。

★ 生存感悟

顺其自然者成大器，这是林尚沃的识人之道。成功有时并不需要刻意而为，一个人执著于目标苦苦追求，反而会为其所累；懂得放下，放下渴望成功的那颗心，顺其自然，就有可能得到最大的成功。

目 标

1984 年，在东京国际马拉松邀请赛中，名不见经传的日本选手山田本一出人意料地夺得了世界冠军。当记者问他靠什么取得如此惊人的成绩时，他说了这么一句话：以智取胜。

当时许多人都认为这个偶然跑到前面的矮个子选手是在故弄玄虚。马拉松赛是体力和耐力的运动，只要身体素质好又有耐性就有望夺冠，爆发力和速度都还在其次，说用智能取胜有点勉强。

两年后，意大利国际马拉松邀请赛在意大利北部城市米兰举行，山田本一代表日本参加比赛。这一次，他又获得了世界冠军。记者又请他谈经验。

山田本一表情木讷，不善言谈，回答的仍是上次那句话：以智取胜。这回记者在报纸上没再挖苦他，但对他所谓的"智"迷惑不解。

10 年后，这个谜终于被解开了，他在他的自传中是这么说的：每次比赛之前，我都要乘车把比赛的线路仔细地看一遍，并把沿途比较醒目的标志画下来。

比如第一个标志是银行；第二个标志是一棵大树；第三个标志是一座红房子……这样一直画到赛程的终点。比赛开始后，我就以百米的速度奋力地向第一个目标冲去，等到达第一个目标后，我又以同样的速度向第二个目标冲去。

四十多公里的赛程，被我分解成这么几个小目标轻松地跑完了。起初，我并不懂这样的道理，我把我的目标定在四十多公里外终点线上的那面旗帜上，结果我跑到十几公里时就疲惫不堪了，我被前面那段遥远的路程给吓倒了……

生存感悟

很多时候，我们并不是因为失败而放弃，而是因为倦怠而失败。在人生的旅途中，稍微具备一点山田本一的智慧，也许会少许多懊悔和惋惜。

095

谁付啤酒账

一条边界线把 A 镇分为两半，一边属于墨西哥而另一边则是美国。尽管如此，小镇上的居民还是不受国别束缚自由往来。快乐的青年佛朗西斯科住在 A 镇的墨西哥一侧，他唯一喜爱的是杯中物，却经常囊中空空。

为了一杯啤酒，佛朗西斯科整天在墨西哥和美国之间来回穿梭寻找机会。终于，他发现了在墨西哥和美国之间存在着一种特殊的货币情况：在墨西哥，1 美元只值墨西哥货币的 90 分；而在美国，1 比索（1 墨西哥比索 =100 美分）只值 90 美分。

一天，佛朗西斯科决定把他的发现付诸实践。他先走进一家墨西哥小酒吧，要了一杯价格为 10 墨西哥分的啤酒。喝完之后，他用 1 墨西

哥比索付账而要求找补美元。接着，他怀揣找回的 1 美元（在墨西哥只值 90 墨西哥分）越过边境又进了一家美国酒吧。

这次，他仍旧要了一杯价格为 10 美分的啤酒喝起来，然后，他用刚才在墨西哥小酒吧找回的 1 美元付账，根据他的要求又找回 1 个墨西哥比索（在美国只值 90 美分）。

现在，佛朗西斯科发现，当他喝完两杯啤酒之后，钱袋里的钱却 1 分也没有少，仍然有 1 比索。于是，他继续不断地重复这一方法，整天在墨西哥和美国之间愉快地喝啤酒。

 **生存感悟**

空有好智力是不够的，你要能好好地利用它。利用得当，它不仅给你带来实惠，还能带来乐趣。

陌生的视角

加拿大的一处海岸边，坐落着一个极为普通的小渔村。自古至今，这里的人们都靠捕鱼为生。

在这个世外桃源般的海湾中，经常有几十只巨鲸出没。巨鲸在这里捕食安息，嬉戏游弋。它们呼吸时喷射的水柱，此起彼伏，时高时低，十分壮观。渔民们日日与它们相伴为伍，早就习以为常了。

一天，一个自驾旅游的外国游客偶然经过这里，被这群巨鲸喷水的壮丽景观惊呆了。他不满足于站在海边观赏，就找来一位渔民，说想雇他的渔船，去大海中把这一壮丽景象看个够。渔民不解地解释说这是很平常的景色，不愿意为此出海。游客再三请求他帮忙，并提出愿意多付几倍的租船费用，渔民才同意了，把他带到大海上尽情观赏了一番巨鲸嬉戏的情景。

游客走了之后，这位渔民就此开了窍，单单开船带客人到海上转了一圈儿，就能挣这么多钱，比捕鱼来得快多了，如果能吸引更多的外地游客来观赏海景，就可以更多更快更容易地赚钱了。第二天，他就赶到离渔村较远的市里，和那儿的宾馆、饭店和旅行社商谈合作，请他们为他介绍客人，到他们海湾去欣赏大海巨鲸。

不久以后，这位渔民便成了富翁，渔船也换成了豪华油轮，进而创办了一家旅游公司。当地的人们也纷纷效法，过去的小海湾变成了一个现代化的渔村。

097

⭐ 生存感悟

观察和经验和谐地应用到生活中就是智慧。这种智慧的获得并不是一朝一夕的功夫，它来自于日常生活中持久的努力。

闲出来的发明

德国地球物理学家魏格纳有一次生病了，躺在医院里，百无聊赖。病房里贴着一张世界地图，身为气象学家的他

出于职业习惯便浏览起这张世界地图。

渐渐地他发现一个奇怪的现象：巴西的版图突出的一部分，正好和非洲西南部版图凹进去的部分相吻合。这个发现让他欣喜若狂，因为当时对大陆的形成学术界一直没有定论，而这个发现如果能成立，那么对地球物理学无疑是一个伟大的贡献。

出院后，魏格纳开始收集有关大陆漂移学说的证据，他发现了美洲的东西部和非洲的西部都有生活在 27 亿年前的蜥蜴化石，这有力证明了非洲和美洲两个大陆是因漂移而分开，化石分别带走了。"大陆漂移说"的雏形由此形成。

✦ 生存感悟

闲散如酸醋，会软化精神的钙质；勤奋似火焰，能燃起智慧的光芒。真正的智者易于怀疑，善于发现问题、提出问题并进一步解决问题。

别把自己装进去

车间里，一个大个子正在炫耀自己的强壮有力，还嘲笑着他身边的几位老工人。最后，有个老工人忍无可忍地说："伙计，我敢用一个星期的薪水跟你打赌，我可以用这架独轮车把一样东西推到那堵墙那儿，而你无论如何都没有办法把这东西推回来！"

大个子大笑："哈哈！笑话，你输定

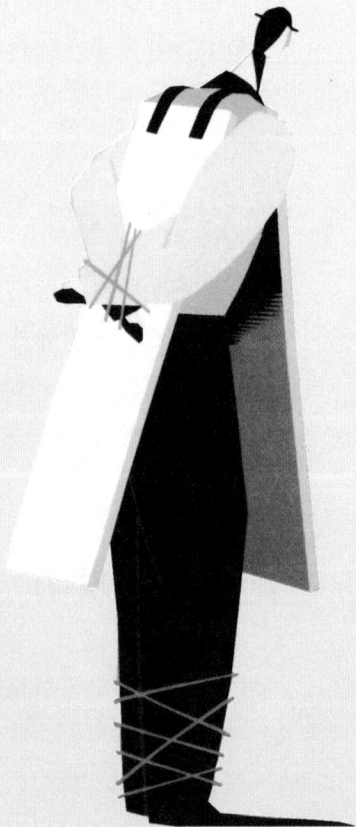

了!"

那个老工人走过去，扶起独轮车，微笑着对着大个子点点头："来，坐进来。"大个子一下子涨红了脸，愣在了那里。看热闹的工人们一阵爆笑。

把自己装进去了，还能推得动吗?

是呀，把自己装上车了，还能推得动吗? 假设你的工作就是要推动一辆独轮车，那你所要做好的应该是全神贯注地去推好它。可如果把自己装进了车里，怎么能做好工作呢?

099

沉默贵为金

多年以前，美国阿肯色州一家印刷厂要处理一部旧印刷机，得知另一家公司有意购买这部机器，老板的最高期望值是卖到 25 万元。在双方谈判的关键时刻，这位老板话已到嘴边，又机灵地收了回去。他想，不如先试探一下对方的口气。

这时，买方没等他报价，就说这部机器有些陈旧，并指出它的毛病所在，然后说："我们公司只能出 35 万元买下这部机器，多一分钱也不行!"他适时的沉默为自己多赚了 10 万美元。

美国科学家爱迪生想建一个实验室，却没有足够的资金，就打算卖掉自动发报机的制造技术。他对于市场行情不甚了解，不知开价多少合适，只好和妻子米娜商量。

一项发明究竟值多少钱，米娜也和丈夫一样心中无数，想到建造实验室确实需要大量资金，她拿出最大的魄力说可以出价 2 万美金。

听说大发明家有意转让自动发报机的制造技术，一位商人主动找上门来。问到报价时，由于爱迪生觉得妻子提出的 2 万美金的要价太高，实在不好意思开口，只好沉默不语。

商人追问了十几次，爱迪生都没好意思开口，那位商人急不可待地摊牌说："那我 10 万美金买断您的制造权，您看可以吗？"

爱迪生大喜过望，当即就和那位商人拍板成交。事后爱迪生跟米娜说："没想到只是多沉默了一会儿，我们就多赚了 8 万美元。"

★ 生存感悟

寡言为贵。在经营活动或人际交往中，有些话没有说出口，刚好恰如其分，适时的沉默胜于任何言辞，会获得意想不到的收获。把握尺度是种智慧。

缺 口

美国人彼得渴望做石油生意，他从一个朋友口中获悉阿根廷即将在

市场上购买 2000 万美元的丁烷气体的消息，就特别想签到这份合同。当他来到阿根廷时，才发现竞争者都是强手，那是两家跨国石油公司。不过他还发现另外一件事，阿根廷牛肉供应过剩，该国正在发愁怎么卖掉牛肉。

他与阿根廷政府协商说，如果你们向我买 2000 万美元的丁烷，我可以买你们 2000 万美元的牛肉。

因彼得的条件急其所需，阿根廷政府与他签订了合同。

随即彼得飞往西班牙，那里正有一家龙头造船厂因缺少订货而濒于倒闭，他与西班牙政府协商说，如果你们向我买 2000 万美元牛肉，我就在你们造船厂定购一艘造价 2000 万美元的超级油轮。

西班牙人马上与他签订了合同，于是彼得将 2000 万美元的牛肉直接运往西班牙。

然后彼得直奔费城的太阳石油公司。他对他们说，如果你们租用我正在西班牙建造的 2000 万美元的超级油轮，我将向你们购买 2000 万美元的丁烷气体。太阳石油公司同意了彼得的条件。

就这样，彼得实现了他进入瓦斯和石油业的愿望。

101

★ 生存感悟

聪明人自己创造的机会比他找到的多，抓住利用机会的黄金时刻，抓住你所需要的为我所用，这就是明智的选择。是的，主动出机会让你距离成功的彼岸又近一步。

蜂鸟的教诲

从前有一个人，他拥有一座漂亮的花园。有一天他抓到了一只蜂鸟，它正在吃他最好的水果，那只鸟答应给他三个最聪明的教导来作为释放它的代价，那个人同意了。

当它飞到一个比较安全的地方，那只鸟说："不要对那个不能挽回的事懊悔，不要相信那个不可能的，不要追寻那个达不到的。"然后就放声大笑。"如果你没有放我走，你就可以在我身体里面发现一颗像柠檬那么大的珍珠。"

一气之下，那个人爬到树上要去抓那只鸟，当他接近时，那只鸟就飞得更高，当那个人的追逐近乎疯狂，那只鸟就飞到最高的树枝上，爬到树枝的最高处，那个人还是继续往上爬，树枝折断了，小鸟飞走了，那个人砰的一声掉到地上。

带着瘀伤，他勉强爬起来，很后悔地凝视着那只折磨他的小鸟。"智慧是给聪明人的，"那只鸟告诫说："我告诉过你不要对那个不能挽回的事懊悔，但是你却一放我走就开始后悔。"

"我告诉过你不要相信那个不可能的，但是你却相信像我这么小的一只鸟身体里面可以容纳一颗像柠檬那么大的珍珠。我告诉过不要追寻那个达不到的，但你还是爬到树上想要去抓一只鸟，你是一个傻瓜！"

 **生存感悟**

智者的一个特征就是不做莽撞蛮干的事。通向智慧之路无非就是：犯错，犯错，再犯错，但是犯错越来越少，越来越少，越来越少。

货比三家

某县城有一对夫妇租了一间临街的店面专卖自行车。附近的生意几乎是他们一手独揽，但却总也卖不好。细心的妻子发现顾客在买自行车的时候，很少一问价格就成交，即便是开价不能再低了，人家也觉得不合算，他们要"货比三家"。这是消费者的普遍心态。

生意不好原来是因为没有可供参照的店，她跟丈夫一起想出一个妙招：将店面从中间断开，分成两个门面，与丈夫各自"经营"。

如此一来，顾客从左边店就走到了右边店，或者从右边店走到了左边店，一番讨价还价之后，发现两家的价格基本一致，也就不再犹豫，果断地掏钱了。

103

★ **生存感悟**

"一分为二"的经营方式，同样的成本、同样的费用，却隔出不一样的利润。关键是要学会掌握对方的心理，它是成功的保证。

鳄鱼肚子里的犹太人

有一艘船正慢慢走在河的浅滩地带，突然被一只庞大的鳄鱼攻击。惊恐之中，船上的人开始把东西丢进它的血盆大口里：椅子、桌子、一口袋橘子以及其他东西，到了最后，不得不连船上的犹太人也丢了进去，但是那只鳄鱼还是一再攻击他们。最后他们被迫合力还击，将那只鳄鱼杀死了，将鳄鱼的肚子切开，你知道他们看到了什么吗？其中一个犹太人坐在那张椅子上，那张桌子就摆在他的前面，他已经将那一袋橘子打开，正在卖给那些先前被鳄鱼吞下去的人。

★ 生存感悟

白天聪明的人在夜里也绝不会是傻瓜。聪明人的智慧在各种情况下都能合理运用。

如此简单

在德国有一个叫伦格尔的小商人，常常在寒冷的冬天奔走于大街小巷。他深感原来大衣的口袋开得太高，而且都是正方形或长方形的，非常不方便把手插进口袋里取暖。后来，他试做了一件斜口袋大衣，这种大衣既便于把手插进口袋里，式样也潇洒大方。他非常满意，并且申请了专利。不久，斜口袋大衣便流行全世界。

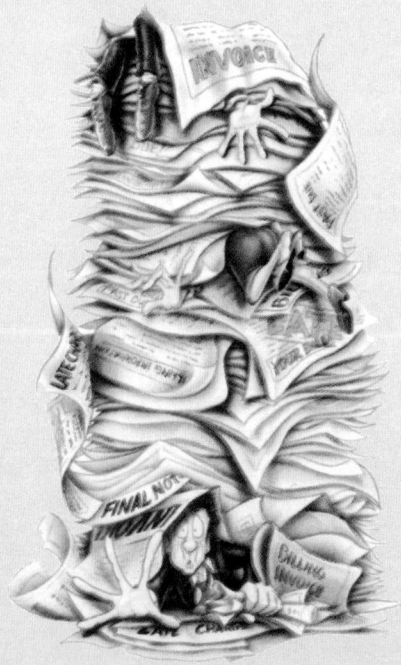

★ 生存感悟

其实就这么简单，只要你能及时转换角度，更新思维，就能打造出一个新的世界。

第四辑

眼见不为实

孔子的一位学生在煮粥时，发现有脏东西掉进锅里去了。他连忙用汤匙把它捞起来，正想把它倒掉时，忽然想到，一粥一饭都来之不易啊。于是便把它吃了。刚巧孔子走进厨房，以为他在偷食，便教训了那位负责煮食的同学。经过解释，大家才明白真相。孔子感慨地说："我亲眼看见的事情都有误差，何况是道听途说而来的呢?"

✦ 生存感悟

人际交往中，人们难免会听到些是非难辨的话。正确的做法是找出事情的真相，不轻易相信谣言，才能在人际交往乃至商业竞争中立住脚。

苏格拉底的三个筛子

有一次，苏格拉底的一位门生匆匆忙忙地跑来找苏格拉底，边喘气边兴奋地说："告诉你一件事，你绝对想象不到的……"

"等一下!"苏格拉底毫不留情地制止他,"你告诉我的话,用三个筛子过滤了吗?"他的学生见苏格拉底如此严肃,不解地摇了摇头。

苏格拉底继续说:"当你要告诉别人一件事时,至少应该用三个筛子过滤一遍!第一个筛子叫做真实,你要告诉我的事是真实的吗?"

"我是从街上听来的,大家都这么说,我也不知道是不是真的。"

"那就应该用你的第二个筛子去检查,如果不是真的,至少也应该是善意的,你要告诉我的事是善意的吗?"

"不,正好相反。"他的学生羞愧地低下头来。

苏格拉底不厌烦地继续说:"那么我们再用第三个筛子检查看看,你这么急着要告诉我的事,是重要的吗?"

"并不是很重要……"

苏格拉底打断了他的话:"既然这个消息并不重要,又不是出自善意,更不知道它是真是假的,你又何必说呢?说了也只会造成我们两个人的困扰罢了。"

苏格拉底接着说:"不要听信搬弄是非的人或诽谤者的话,因为他不会是出自善意告诉你的,他既会揭发别人的隐私,当然会同样地对待你。"

✦ 生存感悟

真实的才可信,经过检验的才足以令人信服,重要的才不枉费精力。不做流言的始作俑者,不受人利用做是非的传播者。

流言可以伤害一个人于无形,道听途说的人,等于是把自己的快乐建立在别人的痛苦之上。

普拉格曼传奇

出生于美国的普拉格曼连高中也没有读完，却成为一位非常著名的小说家。在他的长篇小说授奖典礼上，有位记者问道："你事业成功最关键的转折点是什么?"大家估计，他可能会回答是童年时母亲的教育，或者少年时某个老师特别的栽培。

然而出人意料的是，普拉格曼却回答说，是二战期间在海军服役的那段生活："1944年8月一天午夜，我受了伤。舰长下令由一位海军下士驾一艘小船趁着夜色送身负重伤的我上岸治疗。很不幸，小船在那不勒斯海迷失了方向。

"那位掌舵的下士惊慌失措，想拔枪自杀。我劝告他说：你别开枪。虽然我们在危机四伏的黑暗中漂荡了四个多小时，孤立无援，而且我还在淌血……不过，我们还是要有耐心……说实在的，尽管我在不停地劝告着那位下士，可连我自己都没有一点信心。但还没等我把话说完，突然前方岸上射向敌机的高射炮的爆炸火光闪亮了起来，这时我们才发现，小船离码头不到三海里。

"那夜的经历一直留在我的心中，这个戏剧性的事件使我认识到，生活中有许多事被认为不可更改、不可逆转或不可实现，其实大多数时候，这只是我们的错觉，正是这些'不可能'才把我们的生命'围'住了。一个人应该永远对生活抱有信心，永不失望。即使在最黑暗最危险

的时候，也要相信光明就在前头……"

二战后，普拉格曼立志成为一个作家。开始的时候，他接到过无数次的退稿，熟悉的人也都说他没有这方面的天分。但每当普拉格曼想要放弃的时候，他就想起那戏剧性的一晚，于是他鼓起勇气，一次次突破生活中各种各样的"围"，终于有了后来炫目的灿烂和辉煌。

✦ 生存感悟

其实每个人都有着这样那样的"围"，主观上的认识上的偏见，个性上的不足，客观上的陈规陋习等都制约着我们实现生命价值的最大化。如果我们想在一生中有所作为，我们就必须要学会不停地突围。

走　眼

日本企业家松下幸之助收到一封信件，内容大致如下："我是一位眼镜商人，前几天，在杂志上看到了您的照片，因为您所配戴的眼镜不大适合脸型，希望我能为您服务，替您装配一副好眼镜。"

这是松下幸之助某篇随笔中的一段。读到这里，我猜是一个无名小卒想借名人来自我炒作一番。

松下幸之助没有答应对方，时间一久，他把这件事忘了。后来那位写信人竟找上门来，是个六十来岁的老人，松下幸之助终于同意了他的要求。

那家眼镜店位于最繁华的地段，一切检验装配都是世界上最精密的仪器，那里的店员训练有素，一切迹象都显示出那里的品位很高，实力很大。松下幸之助问对方："您的用意看来不只是为了做生意，到底有什么原因呢？"

老板笑着说："因为您经常出国，假若戴着那副眼镜出国，外国人会误以为日本没有好的眼镜行。为了避免日本受到这种低估，所以我才写信给您。"

★ 生存感悟

有什么样的胸襟，就有什么样的思维；有什么样的思维，就会用什么样的行动来解释；再进一步说，有什么样的行动，就会赢得什么样的尊重。

110

逼出来的天才

在美国的一个小酒吧里，一位年轻小伙子正在用心地弹奏钢琴。他弹得相当不错，每天晚上都有不少人慕名而来，认真倾听他的弹奏。一天晚上，一位中年顾客听了几首曲子后，对那个小伙子说："我每天来听你弹奏这些曲子，你弹奏的曲子我熟悉得简直不能忍受了，你不如唱首歌给我们听吧。"这位顾客的提议获得了不少人的赞同，大家纷纷要求小伙子唱歌。

然而，那个小伙子面对大家的请求却变得腼腆起来，他抱歉地对大家说："非常对不起，我从小就开始学习弹奏乐器，从来没有学习过唱歌。我长年累月地坐在这里弹琴，恐怕会唱得很难听。"那位中年顾客却鼓励他说："小伙子，正因为你从来没有唱过歌，或许连你自己都不

知道你是个歌唱天才呢!"此时酒吧的经理也出来鼓励他,免得他扫了大家的兴。

小伙子认为大家想看他出丑,于是坚持说只会弹琴,不会唱歌。酒吧老板说:"你要么选择唱歌,要么另谋出路。"小伙子被逼无奈,只好红着脸唱了一曲《蒙娜丽莎》。哪知道他不唱则已,一唱惊人,大家都被他那流畅自然、男人味十足的唱腔迷住了。在大家的鼓励下,那个小伙子放弃了弹奏乐器的艺人生涯,开始向流行歌坛进军。这个小伙子后来居然成为了美国著名的爵士歌王,他就是著名的歌手纳京高(NatKing Cole)。

★ 生存感悟

　　若非那次偶然的开口一唱,纳京高可能永远坐在酒吧里做一个三流的演奏者。我们熟悉了一项工作之后,往往害怕变化,往往在种种逃避中丢失了自己有待开发的才华。开拓视野,多去尝试一下,或许你会在别的领域做得更好。

最简短的致辞

　　举世闻名的高等学府——美国耶鲁大学举行三百年校庆盛典,耶鲁大学校长西装革履登台致辞。人们总以为他将作一场一两个小时、洋洋洒洒的讲演。不料这位银发老人只用不到一分钟、寥寥一百多字,回顾了这座世界名牌大学 300 年的辉煌。这篇致辞既简练又精彩:

"今天，我们不要只说耶鲁历史上出了 5 位美国总统，包括近几十年来接踵入主白宫的老布什、克林顿和小布什，也不要只说耶鲁是造就首席执行官最多的大学摇篮。我们更应该记住，耶鲁的毕业生中有 3 位诺贝尔物理学奖、5 位诺贝尔化学奖、8 位诺贝尔文学奖和 80 位普利策新闻奖、葛莱美等奖项的获奖者。耶鲁，我们的耶鲁，自始至终遵循为人类文明和社会的进步服务的理念！"

★ 生存感悟

　　耶鲁大学校长简短精练的致辞可谓正中要害，名声是一面放大镜，而无瑕的名誉是世间最纯粹的珍宝。我们从中还可以知道：对于财富和权力而言，人类文明的发展更为重要。

一个男孩的疑问

1921 年，印度科学家拉曼在皇家学会上做了声学与光学的研究报告，取道地中海乘船回国。

甲板上，一对印度母子的话引起了拉曼的注意。

"妈妈，这大海叫什么名字？"

"地中海！"

"为什么叫地中海？"

"因为它夹在欧亚大陆和非洲大陆之间。"

"那它为什么是蓝色的？"

母亲一时语塞，这时在一旁饶有兴味倾听他们谈话的拉曼告诉男孩说："海水呈蓝

色，是因为它反射了天空的颜色。"

关于海水为什么是蓝色，当时在科学界只有这么一种解释。但拉曼在告别了那一对母子后，总对自己的解释心存疑惑。

于是拉曼立即着手研究海水为什么是蓝的，并很快发现了疑点，进而彻底推翻了先前的结论，提出了新的科学的解释，他的发现被后人称为"拉曼效应"。1990年，拉曼因此而获得诺贝尔物理学奖，成为印度也是亚洲历史上第一位获得此项殊荣的科学家。

✦ 生存感悟

你是否也在不知不觉中丧失了小男孩那种到所有的"已知"中去追求"未知"的好奇心？失去好奇心是科学发现与发展中最大的忌讳，即使是一个颇有作为的科学家，也会因此而变得闭目塞听，止步不前。凡事多问一个为什么，你将会取得意外的收获和发现。

回头看看

芮妮·齐薇格是好莱坞顶级的当红女明星。

入行后的4年内，芮妮·齐薇格只是在一些电视电影中客串小角色，直到1996年，在与汤姆·克鲁斯合作的影片《甜心先生》中，因成功塑造了一个乖巧可人的痴女形象而一炮走红。

但在这之后两年，芮妮·齐薇格在演技上一直没有突破。有一天，芮妮·齐薇格又去参加一个绅士、名媛云集的舞会。她身着盛装、得意非凡地到朋友家时，客人尚少，芮妮·齐薇格便上楼欣赏女主人的插花艺术。当她看完插花，拖着拽地长裙款款下楼时，很多人的目光都注视着她。她很得意，觉得自己风姿绰约。

可很快就发觉人们看她的眼神怪怪的，回头一看，她的轻纱做的裙摆上竟挂着一个有几枚尖锐铜针的小铅块。这是一小块残缺的花插座，是用来固定花枝位置的，更糟糕的是，这个破插座的铜针上还缠上了一根线，线上又绑着一枝枯萎的花，这个长长的"队伍"正随着她的脚步蠕动！她终于明白了自己引人注目的原因。

从此，芮妮·齐薇格变得十分低调，在与布添·罗夫、梅丽·史翠普等好莱坞大牌明星合作时，她抓紧机会学习，演技有了较大突破，最终凭借在《急救爱情狂》一片中的精彩表演，获得了 2000 年金球喜剧和音乐类最佳女主角奖，再度成为好莱坞顶级的当红女星。

回忆起那次舞会，芮妮·齐薇格总是说："那天以后，每当我觉得不可一世时，总会回头看看，看后面有没有花插座。"

生存感悟

不管有多少荣耀、金钱、名誉、赞美包围着你，也不要忘了回头看看，至少你不会忘乎所以，常回头看看、善于反思的人，才更清楚前面的路应该怎么走。

坚韧的橡树

拿破仑·希尔的祖父是美国北卡罗莱纳州的马车制造师。祖父总是特地在自家田地的中央留下几株橡树并用这些橡树来制造马车的车轮。希尔对祖父的举动困惑不解："森林中那么多树可以砍伐，为什么偏偏

用田野里的橡树做车轮呢?"祖父和蔼地笑了笑,说:"森林中的树相互遮庇,缺少风吹雨打,容易折断。田中的橡树没有什么可依赖,需要百般挣扎才能活下来,所以质地坚韧。用它们做车轮,才可以承受沉重的负荷。"

在自传中,拿破仑·希尔说那是他一生中受到的最大启发!

生存感悟

烈火试真金,逆境试强者,没有经历过逆境的人不知道自己的力量。而拥有超常忍耐力是征服命运的利剑,有了它可以斩断逆境中的任何牵绊。

最后的挽救

18世纪初叶,德国匹兹堡大学的哲学和医学教授白令葛,十分喜爱研究化石。一天,几个学生给他带来了一些他从没见过的美丽化石,上面不仅有飞鸟、昆虫以及其他珍禽怪兽的图案,甚至还有介绍太阳、月亮和刻画着类似希伯来文的古老的难以破译的石头书。

教授看后,立即和学生一起到了发现化石的现场,再度挖掘出若干片化石。这是匹兹堡的郊外,正是教授经常采集化石的地方。

从此,教授便废寝忘食地埋头整理那些采集到的标本。那时,从近代意义上说,人类对化石的科学研究和科学认识尚处于起步阶段。经过数十载的辛劳,一本精美的包括有21张化石石版印刷图片的巨著《匹兹堡石志》出版了。

然而,书出版后没过多久,悲剧发生了。一天,当教授再度观察那些化石时,突然发现化石中有些竟然刻着自己的名字。他悲痛欲绝,自己为之耗尽了毕生心血、用来进行科学研究的化石竟然是伪造的。

116

原来，这些化石是学生们事先处理后再埋入地底下的人工化石。事实上，这还不仅仅是学生们的恶作剧，也是其他教授为了戏弄他而设置的一个险恶陷阱。

白令葛教授不堪这样沉重的打击，一病不起。去世之前，教授本着一个学者的良心，尽自己的最大努力去回收那些已出售的书，并把它们付之一炬。"决不能让这些错误的研究成果流传到后世。"这是一位误入歧途的科学家惊醒之后的唯一信念。

在白令葛教授亲手点燃焚烧《匹兹堡石志》的火焰中，我们看到了一个失败科学家的耀眼光芒。

✦ 生存感悟

一颗高尚的心勇于承受失败而不是逃避，勇敢面对、勇敢补救正是崇高人性的闪光。这种异乎寻常的承受能力来自于日常生活的积累。

尚未凝固的水泥路面

1899 年，爱因斯坦在瑞士苏黎世联邦工业大学就读时，他的导师是数学家明可夫斯基。师生两人经常一起探讨科学、哲学和人生，才华横溢的爱因斯坦深得明可夫斯基的赏识。

有一天，爱因斯坦突发奇想，问明可夫斯基："一个人，究竟怎样才能在科学领域、在人生道路上，留下自己的闪光足迹、做出自己的杰出贡献呢？"这是一个棘手的问题，明可夫斯基需要好好想一想再回答。

三天后，明可夫斯基领着爱因斯坦朝一处建筑工地走去，而且径直踏上了建筑工人们刚刚铺平的水泥地面。

在建筑工人们的呵斥声中，爱因斯坦一头雾水，不解地问明可夫斯基："老师，您这不是领我误入'歧途'吗？""对，对，正是这样！"明可夫斯基不顾建筑工的指责，非常专注地说："看到了吧？只有尚未凝固的水泥路面，才能留下深深的脚印。"

"那些凝固很久的老路面，那些被无数人、无数脚步走过的地方，你别想再踩出脚印来……"听到这里，爱因斯坦沉思良久，意味深长地点了点头。

从此，强烈的创新和开拓意识开始主导着爱因斯坦的思维和行动。

在爱因斯坦走出校园后的几年里，他利用业余时间着手研究物理学的三个未知领域，大胆而果断地挑战并突破了牛顿力学。在他刚刚 26 岁的时候，就提出并建立了狭义相对论，开创了物理学的新纪元，为人

类做出了卓越的贡献，在科学史册上留下了深深的闪光的足迹。

生存感悟

爱因斯坦说过："我从来不记忆和思考词典、手册里的东西，我的脑袋只用来记忆和思考那些还没载入书本的东西。"生活的意义在于创造，那些未受过未知事物折磨的人，体会不到发明创造的快乐。

纯洁的心·

一位医学博士被授命整理格·拉德留下的处方，他发现一个奇特的现象：这位诺贝尔医学奖获得者，给病人用药的剂量总是规定用量的一半，有的甚至更少。

1993年，中非皇帝博萨卡下台，许多内幕被曝光，其中提到一件博萨卡到法国求医的事。博萨卡1975年上台后，得了一种叫沃克尔综合症的病，这种病最主要的症状是失眠。博萨卡焦虑万分，让本国名医看，吃了90种草药，仍不见效；到摩洛哥找专家，专家采用注射休眠疗法，治疗了三个星期，回国后病症未消；最后他秘密来到法国，找到神经病理学奠基人格·拉德。

格·拉德热情地接待了这位远方来的贵宾。在治疗期间，他给博萨卡做了全面细致的检查，最后开的药却只是一瓶具有轻度催眠作用的氯苯纳敏，就是这一种药，他还吩

咐博萨卡每晚只服半粒。

这是格·拉德被公开的第一份处方。一些政界要人、商业巨子得知这个故事，深感羞辱，觉得自己也被格·拉德戏弄了，因为他们同样吃过格·拉德开的氯苯纳敏。

一些人开始怀疑格·拉德的医术和道德，就在一些新闻记者准备就此大加渲染的时候，路透社发了一篇纪念格·拉德去世 5 周年的文章，在引言中，他们引用了格·拉德在神经学课堂上向学生反复讲过的一句话：药对于心地不再单纯的人来讲，剂量再大都没有用，尤其是安眠药。

从此，每当有人提到格·拉德的名字时，人们都会肃然起敬，觉得他不仅是个好医生，还是一个伟大的心理学家和哲学家。

★ **生存感悟**

心静自然凉。拥有纯洁的内心不仅能获得一个好的睡眠，它还胜过许多良药。

119

善因结善果

多年前，两个贫穷的年轻人在斯坦福大学边打工边学习，由于生活拮据，他们想和著名的钢琴家伊格纳西·帕德鲁斯基合作，为他举办一场独奏音乐会，赚了钱好交学费。

伊格纳西·帕德鲁斯基的经纪人和两个人谈判，说赚到 2000 美元之后，剩下的钱是他们的。这笔钱是钢琴家当时演出的底价，小伙子们答应了。他俩开始拼命工作，但是到最后，他们总共才挣了 1600 美元。他们忐忑不安地去找大钢琴家，把所挣的 1600 美元全给了他，并许诺说一定会把余下的 400 美元补齐！

"不用了，孩子们，"帕德鲁斯基把 1600 美元送到他们手中，"从这些钱中把你们的食宿费和学费拿出，剩下的钱再多拿 10%，那是你们工作的报酬，剩下的归我。"

第一次世界大战结束后，帕德鲁斯基已是波兰的国家总理，大战后成千上万饥饿的人在呼救。他四处奔走，呼吁救援，美国的食品与救济署的署长郝伯特·胡佛接到他的请求援助的信息后立即答应了。不久，上万吨的食品运到了波兰，救了波兰成千上万的饥民。

后来，帕德鲁斯基总理在法国巴黎见到了胡佛，当面向他致谢。胡佛恭恭敬敬地说："不用谢，完全不用。帕德鲁斯基先生，有件事您可能忘了，早先有两个穷大学生很困难，但您帮助了他们。其中一个，就是我。"

生存感悟

善有善报，帮助珍惜帮助的人吧，感恩之心是下大功夫栽培出来的硕果。

为自己负责

1920 年的一天，美国一位 12 岁的小男孩正在跟伙伴们玩足球，一不小心，小男孩将足球踢到了邻近一户人家的窗户上，一块窗玻璃被击碎了。

一位老人气冲冲地从屋里跑了出来，大声责问是谁干的。伙伴们都跑没了影儿，小男孩却走过去，真诚地向老人道歉。然而，老人却坚持让小男孩回家拿钱赔偿。

回到家，小男孩忐忑不安地将事情的经过告诉了父亲。父亲板着脸

一言不发，过了不知多久，父亲才冷冰冰地说道："家里虽然有钱，但是你闯的祸，就应该由你自己负责。"父亲掏出了钱说："这15美元我暂时借给你赔人家，不过，你必须想办法还给我。"

从此，小男孩一边用功读书，一边用空闲时间打工挣钱还父亲。由于年龄小，他只能去餐馆帮人洗盘子刷碗，有时还捡破烂。几个月后，他终于挣到了15美元，并自豪地交给了他的父亲。父亲欣然拍着他的肩膀说："一个能为自己的过失行为负责的人，将来一定是会有出息的。"

许多年以后，这位男孩成为了美利坚合众国的总统，他就是里根。里根在回忆往事时，深有感触地说："那一次闯祸之后，使我懂得了做人的责任。"

★ 生存感悟

> 我应，故我能。人在履行责任中得到幸福，就像一个人驮着东西，可心里觉得充实。

守 时

1779年，德国哲学家康德计划到一个名叫珀芬的小镇，去拜访朋友威廉·彼特斯。他动身前曾写信给彼特斯，说3月2日上午11点钟前会准时到他家。

康德3月1日到达珀芬，第二天大清早便租了一辆马车前往彼特斯家。朋友住在离小镇12英里远的一个农场，小镇和农场中间隔了一条河。当马车来到河边时，车夫说："先生，桥坏了，不能再往前走了。"

康德发现桥中间已经断裂。河虽然不宽，但水很深而且结了冰。

"附近还有别的桥吗？"他非常着急。

"有，先生。在 6 英里远的地方还有一座桥。"

这时已经 10 点钟了。

"如果走那座桥，我们什么时候可以到达农场？"

"至少要 12 点 30 分。"

"如果我们走面前这座桥，最快得用多长时间？"

"得用 40 分钟。"

"好！"康德跑到河边的一间农舍里，问房主："请问你的那间破屋要多少钱才肯出售？"

"您为什么要买我简陋的破屋？"农夫不解地问。

"不要问为什么，您肯卖给我吗？"

"给 200 法郎吧！"

康德付了钱，然后说："如果您能马上从破屋上拆下几根长的檩条，20 分钟内把桥修好，我将把破屋还给您。"

农夫把两个儿子叫来，按时完成了任务。

马车快速地过了桥，在乡间小路上飞奔着，10 点 50 分赶到了农场。彼特斯已恭候多时，高兴地对康德说："亲爱的朋友，您真准时。"

★ 生存感悟

宁可拒绝百次，也不要失信一次，因为履行诺言是名誉的保证。不要不在意你所积累起来的信誉，它看不见摸不着，但时时都在起作用。

沈从文的第一堂课

1928 年，沈从文被当时任中国公学校长的胡适聘为该校讲师。沈从文时年 26 岁，小学学历，初到上海，便以一手美文震惊文坛，在当

时颇负盛名。

他第一次走上讲台的时候，除原班学生外，慕名而来的人很多。面对讲台下的诸多学生，这位大作家竟整整呆了 10 分钟，紧张得一句话也说不出来。后来开始讲课了，原来备了一个课时的内容，竟被他上气不接下气地用 10 分钟讲完了，离下课时间还早呢……

沈从文没有天南海北地瞎扯，而是老老实实拿起粉笔在黑板上写道："今天是我第一次上课，人很多，我害怕了。"引得全堂爆发出一阵善意的欢笑……

胡适评价这次讲课时，认为沈从文的坦言与直率是"成功"了！

✦ 生存感悟

老实人的话就相当于契约，诚实与朴实是天才的宝贵品质，是其他任何花哨的形式所不能比拟的。

123

一无所有的亚历山大大帝

世界历史上首位征服亚欧大陆、建立了古希腊帝国的亚历山大大帝（公元前 356—前 323)是马其顿国王腓力二世之子，少时拜哲学家亚里士多德为师。亚历山大过世之前，曾告诉他的首相说："当你扛着我的身体经过街市，将我的手放在棺材的外面。"

他们都感到很疑惑，他们说："为什么？从来没有人听过有这样的

事，从来没有人这样做。"

他说："但是你们一定要这样做。"

他们问："为什么？"

亚历山大说："好让人们可以看到我也是两手空空地走了。我工作很努力，我努力奋斗，但是在我的舌头上唯一的滋味就是什么都没有，我两手空空的，我要人们看到亚历山大死的时候是全然的失败！"

⭐ 生存感悟

> 每一个人都是以同样的方式死，但是到了那么晚才认出这样的事实是没有意义的。在有生之年认识到这一点是非常重要的，因为这样才有可能警戒自己、改变自己，简单快乐地生活。

凡高的一课

凡高在成为画家之前，曾到一个矿区当牧师。有一次，他和矿工一起下井，在升降机中，他陷入巨大的恐惧，颤抖的铁索在嘎嘎作响，箱板在不停地左右摇晃。凡高注意到有一位老矿工神态自若，就悄悄地问那位老工人："您是不是已经习惯了？"

这位坐了几十年升降机的老工人却回答说："不，我永远不会习惯，永远会感到害怕，只不过我学会了克制。"

⭐ 生存感悟

> 生活中，同样需要学会克制，在生活中给自己定位。克制是一份内省，一份从容，是在耐心的等待中寻找机遇的一份成熟。

第五辑

垂钓者的启示

经常，有人觉得自己的条件与竞争对手相同，甚至还比对方优胜，为什么成绩总是不及别人的呢？

这儿有个心灵故事，希望大家读后，能启发一些思绪，自我找到答案吧。

有位年轻人在岸边钓鱼，近旁坐着一位老人，也在钓鱼。两人坐得很近。奇怪的是，老人家不停有鱼上钩，而年轻人一整天都未有收获。他终于沉不住气，问老人："我们两人的钓饵相同，地方一样，为何你能钓到鱼，我却一无所获？"

老人从容答道："我钓鱼的时候，只知道有我，不知道有鱼；我不但手不动，眼不眨，连心也似乎静得没有跳动，令鱼也不知道我的存在，所以，它们咬我的鱼饵；而你心里只想着鱼吃你的饵没有，连眼也不停地盯着鱼，见有鱼上钩，心便急躁，情绪不断变化，心情烦乱不安，鱼不让你吓走才怪，又怎会钓到鱼呢？"

生存感悟

一个人能知道自己的短处，胜券才多在握；只看到别人的成就，而不知人家背后成功的原因，已输了一半；若此时不知检讨，只懂嫉妒或自怨自艾，那就输定了。

用 途

小骆驼问妈妈："妈妈，妈妈，为什么我们的睫毛那么长？"

骆驼妈妈说："当风沙来的时候，长长的睫毛可以让我们在风暴中看得到方向。"

小骆驼又问："妈妈，妈妈，为什么我们的背那么驼？丑死了！"

骆驼妈妈说："这个叫驼峰，可以帮我们储存大量的水和养分，让我们能在沙漠里耐受十几天无水无食的条件。"

小骆驼又问："妈妈，妈妈，为什么我们的脚掌那么厚？"

骆驼妈妈说："那可以让我们重重的身子不至于陷在软软的沙子里，便于长途跋涉啊。"

小骆驼高兴坏了："哇，原来我们这么有用啊!! 可是妈妈，为什么我们还在动物园里，不去沙漠远足呢?"

✦ 生存感悟

天生我材必有用，一个好的心态＋一本成功的教材＋一个无限的舞台＝成功。每人的潜能是无限的，关键是要找到一个能充分发挥潜能的舞台。

原来如此

甲："新搬来的邻居好可恶，昨天晚上三更半夜、夜深人静之时竟然跑来猛按我家的门铃。"

乙："的确可恶！你有没有马上报警?"

甲："没有。我当他们是疯子，继续吹我的小喇叭。"

事出必有因，如果能先看到自己的不是，答案就会不一样。在你面对冲突和争执时，先想一想是否心中有愧，或许很快就能释怀了。

谁是猪

某日，张三在山间小路开车。

正当他悠哉地欣赏美丽风景时，突然迎面开来一辆货车，而且满口黑牙的司机还摇下窗户对他大骂："猪!"

张三越想越纳闷，也越想越气，于是他也摇下车窗回头大骂："你才是猪!"

刚骂完，他便迎头撞上一群过马路的猪。

128

不要错误地诠释别人的好意，那只会让自己吃亏，并且使别人受辱。在不明所以之前，先学会按捺情绪，耐心观察，以免事后生发悔意。

重获自由的鱼

有一条鱼在很小的时候便被捕上了岸，

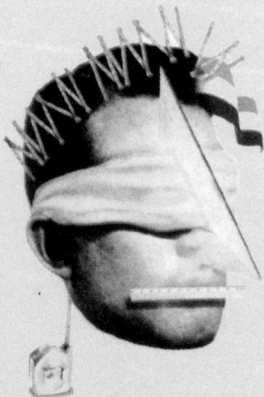

捕鱼人看它很小，而且很美丽，便把它当成礼物送给女儿。小女孩把它放在一个鱼缸养起来。小鱼儿每天游来游去总会碰到鱼缸的内壁，心里便有一种不愉快的感觉。

后来鱼越长越大，在鱼缸里转身都困难了，女孩给它换了个更大的鱼缸，它又可以游来游去。可是每次碰到鱼缸的内壁，它畅快的心情便会黯淡下来。它有些讨厌这种原地转圈的生活了，索性静静地悬浮在水中，不游也不动，甚至连食物也不怎么吃了。女孩看它可怜，便把它放回大海。

它在海中不停地游着，却怎么也快乐不起来。一天它遇见另一条鱼，那条鱼问它："你看起来好像闷闷不乐啊！"它叹了口气说："啊，这个鱼缸太大了，我怎么也游不到它的边！"

★ **生存感悟**

心就是一个人的翅膀，心有多大，世界就有多大。如果不能打碎心中的四壁，即使给你一片大海，你也找不到自由的感觉。

认真听他说完

美国知名主持人林克莱特一天访问一名小朋友，问他说："你长大后想要做什么呀？"小朋友天真地回答："嗯……我要当飞机的驾驶员！"林克莱特接着问："如果有一天，你的飞机飞到太平洋上空时，所有引擎都熄火了，你会怎么办？"

小朋友想了想："我会先告诉坐在飞机上的人绑好安全带，然后我挂上我的降落伞跳出去。"当在场的观众笑得东倒西歪时，林克莱特继续注视这孩子，看他的反应。没想到，孩子的两行热泪夺眶而出，于是林克莱特问他说："为什么要这么做？"小家伙诚恳地说："我要去拿燃料，我还要回来!"

⭐ **生存感悟**

听到别人说话时，你认真听完了吗？你明白他想表达的内容吗？如果不懂，就请听别人说完吧，这就是"听的艺术"。听话不要听一半，此外，请不要把自己的意思，强加给对方。

起飞的飞机

彼得在公司里的人缘很好，他待人友善，从不乱发脾气。有一次我经过他家，顺道去看他，却发现他正在顶楼上对着天上飞过来的飞机吼叫，我好奇地问他原因。

他说："我住的地方靠近机场，每当飞机起落时都会听到巨大的噪音。一开始还深受其扰，后来，当我心情不好或是受了委屈、遇到挫折，想要发脾气时，我就会跑上顶楼，等待飞机起飞，然后对着飞机放声大吼。等飞机飞走了，我的不快、怨气也被飞机一并带走了!"

⭐ **生存感悟**

一味地压抑和忍耐，不过是在逃避，并不能解决问题。面对巨大的生存压力，人人都应学习如何舒解自己的精神压力，适时宣泄自己的情绪，才能活得健康豁达。

最后的礼物

有个老木匠准备退休，他告诉老板，说要回家养老，与妻子儿女享受天伦之乐。老板舍不得他的好工人走，问他是否能帮忙再建一座房子，老木匠说可以。但是大家后来都看得出来，他的心已不在工作上，他用的是软料，出的是粗活。房子建好的时候，老板把大门的钥匙递给他，并对他说："这是我送给你的礼物。"

★ 生存感悟

老木匠因为漫不经心给自己建了一个危房，平日里我们又何尝不是在漫不经心地"建造"自己的生活？消极应付，凡事不肯精益求精，等我们惊觉自己的处境，早已深困在自己建造的"房子"里了。生活是自己创造的，让我们用心用智慧去建好自己的"房子"吧。

简单快乐

一个腰缠万贯的地主，却天天烦恼不堪，而他手下那个孤苦伶仃的长工，虽一贫如洗却天天歌声不断。地主怀疑自己的痛苦是因为钱的缘故，于是派人在长工的茅草屋里放了一锭银子。果然不出他所料，短暂的歌声之后，就再也听不到长工的歌声了。

长工歌声不再的原因在于，他发愁该怎样处置那锭从天而降的银子。

★ 生存感悟

德国哲学家叔本华曾经说过，人痛苦的根源就在于人的欲望。

人生是从需求走向需求的进程，而不是从满足走向满足的过程。欲望无止境，简单生活，知足即可常乐。

弯 腰

耶稣带彼得远行，路上看到一块马蹄铁，彼得懒得弯腰，而耶稣弯腰将它捡起。

后来耶稣用马蹄铁换的钱买了18颗樱桃。在走过荒野的时候，耶稣掉下一颗樱桃，干渴的彼得立刻弯腰捡起吃掉，耶稣又掉下一颗樱桃，彼得又弯腰捡起吃掉，这样彼得狼狈地弯了18次腰。

耶稣笑着对彼得说："要是你此前弯一次腰，就不会在后来没完没了地弯腰了。"

 **生存感悟**

在我们所犯的所有过错中，往往最容易被原谅的就是懒散。惰性是气息尚存的死亡，明智的人依靠自己的双手。

心中的佛

苏东坡与佛印和尚是好朋友，有一次两人相对坐下看着对方，苏东坡问佛印："你看到了什么？"佛印回答说看到佛。接着佛印问苏东坡看到了什么，苏东坡回答说看到了牛粪。

当苏东坡得意洋洋地回到家中，并把这事告诉苏小妹，满心以为这是他与佛印和尚暗中较量的一次辉煌的胜利，没想到苏小妹听了却摇头

叹息道："你输得好惨。"苏东坡不解，苏小妹解释道："因为你心中有什么，你就会看到什么。佛印心中有佛，所以眼中看到的就是佛，而你心中……"

生存感悟

处世态度决定你的人生观和价值观，如果你看到的人，都是充满缺点、一无是处，也许这正是你本身的境界；如果你看到的人，都是乐观积极、可爱可敬的人，这表示你也正是这样的人。前者会使你陷入更消极更悲观的恶性循环，后者将可以创造更热忱、更积极的良性循环，你选择哪一种？只要心中有佛，你眼中所看到的就是佛。

你经常看到的是佛还是牛粪？

133

轻装上路

法国人从莫斯科撤走后，一位农夫和一位商人在街上寻找财物。他们发现了一大堆未被烧焦的羊毛，两个人就各分了一半捆在自己的背上。归途中，他们又发现了一些布匹，农夫将身上沉重的羊毛扔掉，选些自己扛得动的较好的布匹；贪婪的商人将农夫所丢下的羊毛和剩余的布匹统统捡起来，重负让他气喘吁吁、行动缓慢。走了不远，他们又发现了一些银质的餐具，农夫将布匹扔掉，捡了些较好的银器背上，商人却因沉重的羊毛和布匹压得他无法弯腰而作罢。

突降大雨，饥寒交迫的商人身上的羊毛和布匹被雨水淋湿了，他踉跄着摔倒在泥泞中，而农夫却一身轻松地回家了。他变卖了银餐具，生活富足起来。

生存感悟

　　大千世界，万种诱惑，什么都想要，对生命是一种沉重的负担，该放则放，才能轻松快乐地享受生活。

土拨鼠哪里去了

　　上高中时，老师给我们讲了一个故事：有三条猎狗追一只土拨鼠，土拨鼠钻进了一个树洞。这个树洞只有一个出口，可不一会儿，居然从树洞里钻出一只兔子，兔子飞快地向前跑，并爬上另一棵大树。兔子在树上，仓皇中没站稳，掉了下来，砸晕了正仰头看的三条猎狗，最后，兔子终于逃脱了。

　　故事讲完后，老师就问大家："这个故事有什么问题吗？"我们说："兔子不会爬树，一只兔子不可能同时砸晕三条猎狗。""还有呢？"老师继续问。直到我们再也找不出问题了，老师才说："可是还有一个问题，你们都没有提到，土拨鼠哪儿去了？"

　　土拨鼠哪儿去了？老师的一句话，一下子将我们的思路拉到猎狗追寻的目标上——土拨鼠。因为兔子的突然冒出，让我们的思路在不知不觉中混乱，土拨鼠竟在我们头脑中自然消失。

生存感悟

　　在追求人生目标的过程中，

我们有时也会被途中的细枝末节和一些毫无意义的琐事，分散了精力，扰乱了视线，以至中途停顿下来，或是走上岔路，而放弃了自己原先追求的目标。不要忘了时刻提醒自己，土拨鼠哪儿去了？自己心中的目标哪儿去了？

破窗户

将两辆外形完全相同的汽车停放在相同的环境里，其中一辆车的引擎盖和车窗都是打开的，另一辆则封闭如常，原样保持不动。

打开的那辆车在三天之内就被人破坏得面目全非，而另一辆车则完好无损。这时候，实验人员在剩下的这辆车的窗户上打了一个洞，只一天工夫，车上所有的窗户都被人打破，内部的东西也全部丢失。

这就是著名的"破窗户理论"。其结论可以归结为：既然是坏的东西，让它更破一些也无妨。对于完美的东西，大家都会不由自主地维护它，舍不得破坏；而对于残缺的东西，大家就会去加大其损坏程度。这与道德似乎没有多大关联。人们也曾经用这理论在一座城市里做过类似的实验。

在一条街道上，先是扔了一些生活垃圾。没过几天，这条街道就被铺天盖地的垃圾覆盖，碎纸和塑料袋乱飞。同时，人们把另一条街道打扫得干干净净，并维护了好几天。这之后，每当街上出现脏物时，总会有人自动把它扔进垃圾箱；如果碰到外人往地上乱扔垃圾，还会有人制止。

135

✦ 生存感悟

既然这是人类的一种心理惯性，我们就有必要把它引用到自己的生活中来：让自己的人生干干净净，不要在上面乱扔垃圾，更不要轻易打破你生活中的任何一扇窗户。

大鱼吃小鱼

"大鱼吃小鱼",这是大自然的规律,然而最近科学家通过一项特别实验,却有一项意外的发现:他们将一个很大的鱼缸用一块玻璃隔成了两半,首先在鱼缸的一半放进了一条大鱼,连续几天没有给大鱼喂食。之后,在另一半鱼缸里放进了很多条小鱼,当大鱼看到了小鱼后,就径直地朝着小鱼游去,但它没有想到中间有一层玻璃隔着,所以被玻璃顶了回来。

第二次,它使出了浑身的力气,朝小鱼冲去,但结果还是一样,这次使得它鼻青脸肿,疼痛难忍,于是它放弃了眼前的美食,不再徒劳了。

第二天,科学家将鱼缸中间的玻璃抽掉了,小鱼们悠闲着游到了大鱼的面前,而此时的大鱼再也没有吃掉小鱼的欲望了,眼睁睁地看着小鱼在自己面前游来游去……

生存感悟

很多人心中也有无形的"玻璃",让他们不敢大胆创新,"一朝被蛇咬,十年怕井绳"地对待生活中的重重阻碍。若想走向成功,必须不断地打碎心中的这块"玻璃",超越无形的障碍。

佛与释迦牟尼像

佛下山说佛,在一家店铺里看到一尊释迦牟尼像,青铜所铸,形体逼真,神态安然,佛大悦。若能带回寺里,开启其佛光,济世供奉,真

乃一件幸事，可店铺老板见佛钟爱此佛像，要价 5000 两银子，分文不能少。

佛回到寺里对众僧谈起此事，众僧很着急，问佛打算以多少钱买下它。佛说："500 两银子足矣。"

众僧唏嘘不止："那怎么可能？"

佛说："纷扰尘世，芸芸众生，欲壑难填啊。我佛慈悲，当普度众生，当让他仅仅能赚到 500 两银子！"

"怎样普度他呢？"众僧不解地问。

"让他忏悔。"佛笑答。众僧更不解了，佛说："只管按我的吩咐去做就行了。"

第一个弟子下山去店铺里和老板侃价，弟子咬定 4500 两银子，未果回山。

第二天，第二个弟子下山去和老板侃价，咬定 4000 两银子不放，亦未成交。

就这样，直到最后一个弟子在第九天下山时所给的价已经低到了 200 两银子。眼见着买主出的价钱一个比一个低，老板很是着急，每一天他都后悔不如以前一天的价格卖给前一个人了，他深深地怨责自己太贪。到第 10 天时，他在心里说，今天若再有人来，无论给多少钱我都要立即出手。

第 10 天，佛亲自下山，说要出 500 两银子买下它，老板高兴得不得了："就 500 两银子吧！"当即出手，高兴之余另赠佛奁台一具。佛得到了那尊铜像，谢绝了奁台，单掌作揖笑曰："欲望无边，凡事有度，一切适可而止啊！善哉，善哉……"店铺老板当下开悟。

生存感悟

贪欲如同喝盐水解渴，只会令人越喝越渴。欲望越少，幸福就越大，贪图越多，自由就越少。

电梯里的镜子

在一次电视台的综艺节目中，主持人向嘉宾提问："宾馆、酒店的电梯里常会有一面大镜子，这镜子是干什么用的呢？"

那些嘉宾纷纷回答："用来检查自己的仪表。"

"用来看看后面有没有跟进了不怀好意的人。"

"用来扩大视觉空间，增加透视感。"

在一再启发仍得不到正确答案时，主持人终于说出了非常简单的道理："肢残人士摇着轮椅进电梯时，不必费神转身，就可以从镜子里看见楼层显示灯。"

生存感悟

我们考虑问题时常常会海阔天空，但无论思路如何开阔，我们往往还是从自己的立场出发的。

仇恨袋

古希腊神话中有一位大英雄叫海格力斯。一天他走在坎坷不平的山

路上，发现脚边有袋子似的东西很碍脚，海格力斯踩了那东西一脚，谁知那东西不但没被踩扁，反而膨胀起来，加倍地扩大着。海格力斯恼羞成怒，操起一条碗口粗的木棒砸它，那东西竟然大到把路堵死了。

正在这时，山中走出一位圣人，对海格力斯说："朋友，快别动它，忘了它吧，离开它，远去吧！它叫仇恨袋，你不犯它，它便小如当初，你侵犯它，它就会膨胀起来，挡住你的路，与你敌对到底！"

★ 生存感悟

人际交往中，难免与别人产生摩擦和误会，但别忘了在自己的仇恨袋里装满宽容，那样才能少一份障碍，多一份成功的机会。

139

天上掉下的肉

张三有一天对李四说："有个人家的鸭子一次生100个蛋。"李四不相信，说："哪有这样的事？"张三便说："那么是两只鸭子。"李四说："也不可能。"张三又说："三只。"李四还是不信，张三便一只一只地增加。

最后李四厌烦了，说："你为什么不减少蛋的数目呢？"张三说："我听来的消息是100个蛋嘛！"李四便不理他了。

不料张三又开口说："听说上个月天上掉下一块肉来，长30丈，宽10丈。"李四说："哪有这样的事？"张三改口说："那么就是20丈长。"李四又说："不可能。"张三再说："那么是10丈。"李四很生气，骂他说："天底下有长10丈的肉吗？你看过没？还有你方才说的

鸭子，你见过没？"张三很不好意思地回答说："没有，我是听人家说的。"

⭐ **生存感悟**

一件事传来传去，到最后一定和原来的事实相差很远。同时传话的人或多或少都会添油加醋，自然就变样了。在听到一个消息之后，一定要经过证实才能采信，否则一再地错下去，就变成散播谣言了。

一日不作，一日不食

百丈怀海禅师年逾60，仍无一日停下工作。在严寒酷暑，即使年轻的众僧尚且吃不消，而百丈禅师还是照常与众僧们一起下田干活。百丈年届耳顺之年，可谓年迈力衰，大家担心他体力不支，便决定把他平日用的镰刀和锄具藏起来，好让他找不着农具，就在家休息调养。

不料，隔日，百丈禅师要出去劳作，遍寻工具不着，只好歇息。但他什么都不吃，而兀自进入坐禅三昧。

众僧看他一连多日都不思饮食，便问他原因，他答道："一日不作，一日不食。"

⭐ **生存感悟**

秉持百丈禅师"一日不作，一日不食"的工作哲学，日积月累，持之以恒，用心用情，目标则可如期达成，顺利超越。

神 迹

法国一个偏僻的小镇，据传有一个特别灵验的水泉，常会出现神迹，可以医治各种疾病。有一天，一个拄着拐杖，少了一条腿的退伍军人，一跛一跛地走过镇上的马路，旁边的镇民带着同情的口吻说："可怜的家伙，难道他要向上帝祈求再有一条腿吗？"

这一句话被退伍的军人听到了，他转过身对他们说："我不是要向上帝祈求有一条新的腿，而是要祈求他帮助我，叫我没有一条腿后，也知道如何过日子。"

★ 生存感悟

接纳残忍的事实，不管人生的得与失，让自己的生命充满亮丽与光彩，不再为过去掉眼泪，记得今天才是你此后余生的第一天。

141

稀世之宝

有一位年老的富翁，非常担心他那娇生惯养长大的儿子，虽然他家财万贯，却怕那些钱害了儿子。他想，与其留财产给孩子，还不如教他自己去奋斗。

他把儿子叫来，对儿子说了他如何白手起家，经过艰苦的考验才有今天。他的故事感动了这位从未出过远门的青年，激发了他奋斗的勇气，于是他发誓：如果找不到宝物他绝不返乡。

青年打造了一艘坚固的大船，在亲友的欢送中出海。他驾船渡过了险恶的风浪，经过无数的岛屿，最后在热带雨林中找到一种树木。这树木高达十余公尺，在一片大雨林中只有一两株，砍下这种树木经过一年时间让它外皮朽烂，留下木心沉黑的部分，会散发一种无比的香气，而且把它放在水中不像别的树木浮在水面而会沉到水底去。青年心想：这

真是稀世之宝呀！

青年把香气袭人的树木运到市场出售，可是没有人来买他的树木，他非常懊恼。偏偏在青年隔壁的摊位上有人在卖木炭，那小贩的木炭总是很快就卖光了。刚开始的时候青年还不为所动，日子一天天过去，他开始动摇了，他想：既然木炭这么好卖，为什么我不把香树变成木炭来卖呢？

第二天他果然把香木烧成木炭，挑到市场，一天就卖光了，青年非常高兴自己能改变心意，得意地回家告诉他的老父。老父听了，忍不住落下泪来。

原来，青年烧成木炭的香木，正是这个世界上最珍贵的树木"沉香"，只要切下一块磨成粉屑，价值就超过了一车的木炭。

★ 生存感悟

这是佛经里释迦牟尼说的一个故事，他告诉我们两个道理：一是许多人手里有沉香，却不知道它的珍贵。二是许多人虽知道希胜希贤是伟大的心愿，开始也有成圣成贤的气概，但看到做凡夫俗子最容易、最不费功夫，最后也就沦落成为凡夫俗子了。

因此，佛陀说：一个人战胜一千个人一千次，远不及他战胜自己一次！

骄傲的火鸡

一只火鸡和一头牛闲聊，火鸡说：我希望能飞到树顶，可我没有勇气。牛说：为什么不吃一点儿牛粪呢？它们很有营养。火鸡吃了一点牛粪，发现它确实给了自己足够的力量飞到第一根树枝。第二天，火鸡又吃了更多的牛粪，飞到第二根树枝。两个星期后，火鸡骄傲地飞到了树顶。但不久，一个农夫看到了它，迅速把它从树上射了下来。

✦ 生存感悟

牛屎的运气有可能帮你爬到顶峰，但不能保证让你留在那里，最可靠的还是自己的实力。

两个画家的命运

两位画家，一个喜欢流浪写生，一个在国画院做专职画家。流浪写生的，从城市到乡村，从山野到海滨，一路画去，没有学术会议，没有任何应酬，心无旁骛，专心作画。

做专职画家的，头顶17个头衔，董事、会长、评委、顾问、指导教师，应有尽有，每年的工作也丰富多彩，开会、剪彩、辅导、义卖、参展、评奖，不一而足。

在一次规模很大的文化艺术节上，他们的画同时在文化宫展出。来自世界各地的人士参观后，花高价买走了流浪画家的所有作品，而专职画家的画却一幅都没卖出去。

⭐ **生存感悟**

简单而执著的人常有充实的生命，把生活复杂化的人使生命落空。心灯常明，不要在世俗的道路上走得太远。

兔子的悲剧

老鹰站在峭壁上，整天一副超然的样子，兔子看见老鹰，就问："我能像你一样，整天什么事都不用干吗？"老鹰说："当然，只要你愿意的话。"于是，兔子躺在树下的空地上开始休息，忽然，一只狐狸出现了，它跳起来抓住兔子，一口把兔子咬死了。

⭐ **生存感悟**

如果你想安享天年，那你必须保证自己已经站得足够高。如果没有这个资本和能力，就选择行动吧，否则只能是坐以待毙。

真水无尘

大学毕业那段时间，我的状态糟透了。在一家保险公司做销售，拉不到客户，工资低得可怜，同事间又勾心斗角，我简直受不了。而就在我最无助的时候，相恋四年的女友却执意要离开我……

渐渐地我得了抑郁症，严重影响了工作和生活，不得不求助于心理医生的治疗。

心理医生听完我的倾诉后，把我带到一间小屋里，室内唯一的桌上放着一杯水，他微笑着说："这只杯子，它已经放在这里很久了，几乎每天都有灰尘落入里面，但它依然澄清透明。你知道是为什么吗？"

我静静地思考了半天，突然想明白了，我懂了，所有的灰尘都沉淀到杯底了……

★ 生存感悟

生活就像一杯水，如果你嫌恶地晃动，整杯水就会一片浑浊。如果你愿意慢慢地、静静地让它们沉淀下来，用宽广的胸怀去容纳它们，这样，心灵并未因此受到污染，反而更加纯净了。

无法开枪

深圳街头，有一个值了20年岗从来没有掏过枪的巡警，就在他临退休的前一天，一名恶贯满盈的通缉犯出现了，他毫不犹豫地追了上去。就在靠近歹徒的那一瞬间，穷凶极恶的歹徒挥刀砍了过来……他躲了一下，但还是被伤到了左臂，在歹徒仓皇逃离的那一刻，他想起了开枪，可他迟迟没有动手，因为只有他自己知道，由于用不到枪，他的枪里已经多年未装子弹……

145

生存感悟

你可能永远没有开枪的机会，但你绝不能在机会降临时，枪里没有子弹。你不能准确预测错失机会究竟会产生怎样的后果。

风中的羽毛

一位女士一时冲动说了几句过于犀利的话，伤害了她的一位好朋友。她后悔了，怪自己不该那样冲动，她因此备受折磨，心神不安地想与朋友重修旧好，就去向一位长者求助。

长者耐心地听着，然后告诉她为了重修旧好她必须做两件事情。第一件就是今天晚上，在太阳出来之前，取出羽毛枕头里的羽毛并在村里每家门上放一根。

整整一夜，她都在寒风中小心翼翼地在一家一家房前的台阶上放着羽毛，瑟瑟寒风中她坚忍地穿过黑暗的街道。再回到长者的身边时，她如释重负地说羽毛枕头空了，在每一家门阶上都放上了一根羽毛。

长者说现在你回去把那些羽毛再填进枕头里去，然后一切都会回到原来的状态。

年轻女士一下子目瞪口呆，羽毛一放在台阶上就被风吹走了，无论如何也找不回来了呀！

长者说，你说得没错，千万不要忘记，你说过的每一句话就像风中的羽毛一样。话一出口，任何试图挽回的努力都是徒劳……

★ **生存感悟**

记得你说过的每一句话就像风中的羽毛一样，无论试图挽回的努力是多么真诚，都不能收回去了。在所爱的人面前，说话要注意分寸，才能把好嘴这个大门。

积极心理治疗理论

将一只大白鼠放入一个装了水的器皿中，它们会拼命地挣扎求生，所能维持的时间为 8 分钟左右。然后，在同样的器皿中放入另外一只大白鼠，在他们挣扎了 5 分钟后，放入一个可以使它们爬出来的跳板，结果两只大白鼠得以活下来。若干天后，再将这对大难不死的大白鼠放入同样的器皿，结果令人大为吃惊：它们竟可以坚持 24 分钟，三倍于一般情况下能够坚持的时间。

前面的两只大白鼠，是凭自己本来的体力挣扎求生；而有过逃生经验的大白鼠却多了一种精神力量，它们相信在某一个时候会有个跳板救它们出去，这使它们能够坚持更长的时间。

★ **生存感悟**

有过逃生经验的大白鼠的精神力量无非就是一种积极的求生心态，对未来抱有美好的希望，才能奋斗出更加积极的人生。

磨刀不误砍柴工

有个年轻的伐木工人，在一家木材厂找到了工作，老板给他一把利斧，并给他划定了伐木范围。他很珍惜，下决心要好好干。

第一天，他砍了 18 棵树。老板很高兴。

第二天，他干得更加起劲，却只砍了 15 棵树。

第三天，他加倍地努力，可是仅砍了 10 棵树。

工人觉得很惭愧，跑到老板那儿道歉，说自己也不知道怎么了，效率越来越低。

老板问他上一次磨斧子是什么时候。

伐木工人大悟，天天忙着砍树，竟忘记了抽出时间磨斧子。

★ 生存感悟

一次深思熟虑，胜过百次草率行动；一天思考周到，胜过百天徒劳。其核心问题是：是否做好了必要的前期准备。

被自己的谎言所骗

有一个石油承租权的投机者死了，然后到了天堂，他发现那个地方非常拥挤，在门里面几乎找不到空间。那个投机者突然想到一个诡计，他从他的口袋里拿出一支铅笔和一张纸，草草地写下一张便条："在地狱发现石油。"他将那一张纸丢在地上。

不久那一张便条就被捡起来读，那个读到它的人偷偷告诉一些其他人，然后就溜掉了，那些被告知秘密的人也同样再偷偷告诉别人，然后大家都跟着他走，有一大批人涌向那个据说是新发现的油田方向。

看到那整排的人，那个发起谣言的人变得越来越不安，最后他已经

按捺不住了。"这件事里面或许有某些东西，我想我最好再去看一看。"他一面说着，就一面加入了那个大逃亡的行列。

✦ 生存感悟

　　信就是所见之事的真实根底，是未见之事的准确依据。相信自己是任何行动的首要条件。另外，因欺骗他人所遭到的惩罚是不可逃脱的。

信口开河的猫头鹰

　　有一只蜈蚣得了关节炎，它去向聪明的老猫头鹰寻求忠告。猫头鹰说："蜈蚣老弟，你有 100 只脚，全部都肿起来，如果我是你的话，我一定会把我自己变成一只鹳鸟。只有两只脚，你就可以减掉你 98%的痛苦。如果你使用你的翅膀，你就可以完全不必用到你的脚。"

　　蜈蚣觉得很高兴，它说："我毫不犹豫地接受你的建议，现在请你告诉我，我要怎么去改变？"

　　"喔！"那只猫头鹰说："我不知道那个细节，我只是拟定一般性的策略。"

如果确认自己是正确的，那就坚定自己的路走吧。要知道别人不会为自己的信口开河负责任的，但你必须为自己负责。

态度决定高度

20 世纪 30 年代，英国一个偏僻的小镇上，有一个叫玛格丽特的小姑娘，自小就受到严格的家庭教育。父亲经常向她灌输这样的观点："无论做什么事情都要力争一流，永远做在别人前头，而不能落后于人。即使是坐公共汽车，你也要永远坐在前排。"父亲从来不允许她说："我不能"或者"太难了"之类的话。

从小就受到的"残酷"教育，培养了玛格丽特积极向上的决心和信心。在学习、生活或工作中，她时时牢记父亲的教导，总是抱着一往无前的精神和必胜的信念、尽自己最大努力克服一切困难，做好每一件事情，事事必争一流。

四十多年以后，英国政坛上出现了一颗耀眼的新星。她就是于1979 年成为英国第一位女首相、雄踞政坛长达 11 年之久、被世界政坛誉为："铁娘子"的玛格丽特，撒切尔夫人。

★ 生存感悟

无论做什么事情，你的态度决定你的高度。"永远都要坐前排"是一种积极的人生态度，激发你一往无前的勇气和争创一流的精神。

第六辑

固执的神父

在某个山下的小村落，一场暴雨过后，洪水开始淹没全村。一位神父在教堂里祈祷，眼看洪水已经淹到他跪着的膝盖了。一个救生员驾着舢板来到教堂，对神父说："神父，赶快上来吧！不然洪水会把你淹死的！"神父说："不！我深信上帝会来救我的，你先去救别人好了。"

过了不久，洪水已经淹过神父的胸口了，神父只好勉强站在祭坛上。这时，又有一个警察开着快艇过来，对神父说："神父，快上来，不然你会被淹死的！"神父说："不，我要守住我的教堂，我相信上帝一定会来救我的。你还是先去救别人好了。"

又过了一会儿，洪水已经把整个教堂淹没了，神父只好紧紧抓住教堂顶端的十字架。一架直升机缓缓地飞过来，飞行员丢下了绳梯之后大叫："神父，快上来，这是最后的机会了，我们可不愿意见到你被洪水淹死！"神父还是意志坚定地说："不，我要守住我的教堂！上帝一定会来救我的。你还是先去救别人好了。上帝会与我同在的！"

洪水滚滚而来，固执的神父终于被淹死了……神父上了天堂，见到上帝后生气地质问："主啊，我终生奉献自己，忠心地侍奉您，为什么您不肯救我？"

上帝说："我怎么不肯救你？第一次，我派了舢板来救你，你不要，我以为你担心舢板不安全；第二次，我又派一只快艇去，你还是不要；第三次，我以国宾的礼仪待你，再派一架直升机来救你，结果你还

是不肯接受。最后，我以为你是因为急着想要回到我的身边来，就成全了你。"

生存感悟

其实，生活中太多的阻碍，都是由于过度的固执与愚昧所造成。在别人伸出援手之际，唯有你自己也愿意伸出手来，别人才能帮得上忙的！

所长无用

有个鲁国人擅长编草鞋，他妻子擅长织白绢。他想迁到越国去。友人对他说："你到越国去，一定会贫穷的。""为什么？""草鞋，是用来穿着走路的，但越国人习惯于赤足走路；白绢，是用来做帽子的，但越国人习惯于披头散发。凭着你的长处，到用不到你的地方去，这样，要使自己不贫穷，难道可能吗？"

生存感悟

一个人要发挥其专长，就必须适合社会环境需要。如果脱离社会环境的需要，其专长也就失去了价值。因此，我们要根据社会的需要，决定自己的行动，更好地发挥自己的专长。

佛塔上的老鼠

一只四处漂泊的老鼠在佛塔顶上安了家。

佛塔里的生活实在是幸福极了，它既可以在各层之间随意穿越，又可以享受到丰富的供品。它甚至还享有别人所无法想象的特权，那些不为人知的佛经，它可以随意咀嚼；人们不敢正视的佛像，它可以自由休闲，兴起之时，甚至还可以在佛像头上留些排泄物。

每当善男信女们烧香叩头的时候，这只老鼠总是看着那令人陶醉的烟气，慢慢升起，它猛抽着鼻子，心中暗笑："可笑的人类，膝盖竟然这样柔软，说跪就跪下了！"

有一天，一只饿极了的野猫闯了进来，它一把将老鼠抓住。

"你不能吃我，你应该向我跪拜，我代表着佛！"这位高贵的俘虏抗议道。

"人们向你跪拜，只是因为你所占的位置，不是因为你！"野猫讥讽道。

然后，它像掰开一个汉堡包那样把老鼠掰成了两半。

✦ 生存感悟

因运气而飞黄腾达的人，却也同样可能被命运弄得一败涂地。运气不会使人变得更聪明，只有自己的能力才是生存发展的保障。

青少年 生存智慧故事

欠着

乞丐："能不能给我 100 块钱？"

路人："我只有 80 块钱。"

乞丐："那你就欠我 20 块钱吧。"

⭐ **生存感悟**

有些人总以为是上苍欠他的，老觉得老天爷给的不够多、不够好，贪婪之欲早已取代了感恩之心。

理由充分

一辆满载乘客的公共汽车沿着下坡路快速前进着，后面有一个人紧紧地追赶着这辆车子。

一个乘客从车窗中伸出头来对追车子的人："老兄！算啦，你追不上的！"

这人气喘吁吁地说："我必须追上它，因为我是这辆车的司机。"

⭐ **生存感悟**

有些人必须非常认真努力，因为不这样的话，后果就十分悲惨了！然而也正因为必须全力以赴，潜在的本能和不为人知的特质终将充分展现出来。

选 择

有三个人要被关进监狱三年，监狱长可以分别满足他们一个要求。美国人要了三箱雪茄。法国人要了一个美丽的女子相伴。而犹太人说，他要一部与外界沟通的电话。

三年过后，第一个冲出来的是美国人，嘴里、鼻孔里塞满了雪茄，大喊道："给我火，给我火！"原来他忘了要火了。接着出来的是法国人。只见他手里抱着一个小孩子，美丽女子手里牵着一个小孩子，肚子里还怀着第三个。

最后出来的是犹太人，他紧紧握住监狱长的手说："这三年来我每天与外界保持联系，我的公司不但没有倒闭，反而积累了巨额财富，为了表示感谢，我送你一辆劳斯莱斯！"

 **生存感悟**

什么样的选择决定什么样的生活。今天的生活是由三年前我们的选择决定的，而今天我们的抉择将决定我们三年后的生活。我们要选择接触最新的信息，了解最新的趋势，从而更好地创造自己的将来。

米缸里的老鼠

在一个青黄不接的初夏，一只在农家仓库里觅食的老鼠意外地掉进一个盛得半满的米缸里。这意外使老鼠喜出望外，它先是警惕地环顾了一下四周，确定没有危险之后，接下来便是一通猛吃，吃完倒头便睡。

老鼠就这样在米缸里吃了睡、睡了吃。日子在衣食无忧的休闲中过去了。有时，老鼠也曾为是否要跳出米缸进行过思想斗争与痛苦抉择，

但终究未能摆脱白花花的大米的诱惑。直到有一天它发现米缸见了底，才觉得以米缸现在的高度，自己就是想跳出去，也无能为力了。

★ 生存感悟

对于老鼠而言，这半缸米就是一块试金石。如果它想全部据为己有，其代价就是自己的生命。因此，管理学家把老鼠能跳出缸外的高度称为"生命的高度"。而这高度就掌握在老鼠自己的手里，它多留恋一天，多贪吃一粒，就离死亡近了一步。

在现实生活中，多数人都能做到在明显有危险的地方止步，但是能够清楚地认识潜在的危机，并及时跨越"生命的高度"，就没有那么容易了。

别人的绊脚石

古时候，有两个兄弟各自带着一只行李箱出远门。一路上，重重的行李箱将兄弟俩都压得喘不过气来。他们只好左手累了换右手，右手累了又换左手。忽然，大哥停了下来，在路边买了一根扁担，将两个行李箱一左一右挂在扁担上。他挑起两个箱子上路，反倒觉得轻松了很多。

在一场激烈的战斗中，上尉忽然发现一架敌机向阵地俯冲下来。照常理，发现敌机俯冲时要毫不犹豫地卧倒。可上尉并没有立刻卧倒，他发现离他四五米远处有一个小战士还站在那儿。他顾不上多想，一个鱼跃飞身将小战士紧紧地压在了身下。此时一声巨响，飞溅起来的泥土纷纷落在他们的身上。上尉拍拍身上的尘土，回头一看，顿时惊呆了：刚才自己所处的那个位置被炸成了一个大坑。

生存感悟

把这两个故事联系在一起也许有些牵强，但他们确实有着惊人的相似之处：故事中的小战士和弟弟是幸运的，但更加幸运的是故事中的上尉和大哥，因为他们在帮助别人的同时也帮助了自己！在我们人生的道路上，肯定会遇到许许多多的困难。但我们是不是都知道，在前进的道路上，搬开别人脚下的绊脚石，有时恰恰是为自己铺路。

倒塌的墙

有个老太太坐在马路边望着不远处的一堵高墙，总觉得它马上就会倒塌，见有人向墙走过去，她就善意地提醒道："那堵墙要倒了，离远点走吧。"被提醒的人不解地看着她大模大样地顺着墙根走过去了——那堵墙没有倒。老太太很生气："怎么不听我的话呢?!"又有人走来，老太太又予以劝告。三天过去了，许多人在墙边走过去，并没有遇上危

险。第四天，老太太感到有些奇怪，又有些失望，不由自主便走到墙根下仔细观看，然而就在此时，墙倒了，老太太被掩埋在灰尘砖石中，气绝身亡。

生存感悟

　　提醒别人时往往很容易，很清醒，但能做到时刻清醒地提醒自己却很难。所以说，许多危险来源于自身，老太太的悲哀便因此而生。

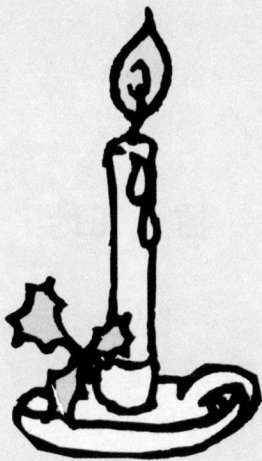

路上的苹果

159

　　一位老和尚，他身边聚拢着一帮虔诚的弟子。有一天，他嘱咐弟子每人去南山打一担柴回来。弟子们匆匆行至离山不远的河边，人人目瞪口呆。只见洪水从山上奔泻而下，无论如何也休想渡河打柴了。无功而返，弟子们都有些垂头丧气。

　　唯独一个小和尚与师傅坦然相对。师傅问其故，小和尚从怀中掏出一个苹果，递给师傅说，过不了河，打不了柴，见河边有棵苹果树，我就顺手把树上唯一的一个苹果摘来了。后来，这位小和尚成了师傅的衣钵传人。

生存感悟

　　世上有走不完的路，也有过不了的河。过不了河掉头而回，也是一种智慧。但真正的智慧还要在河边做一件事情：放飞思想的风等，摘下一个"苹果"。历览古今，抱定这样一种生活信念的人，最终都实现了人生的突围和超越。

置之死地

一个人在高山之巅的鹰巢里，抓到了一只幼鹰，他把幼鹰带回家，养在鸡笼里。这只幼鹰和鸡一起啄食、嬉闹和休息。它以为自己是一只鸡。这只鹰渐渐长大，羽翼丰满了，主人想把它训练成猎鹰，可是由于终日和鸡混在一起，它已经变得和鸡完全一样，根本没有飞的愿望了。

主人试了各种办法，都毫无效果，最后把它带到山顶上，一把将它扔了出去。这只鹰像块石头似的，直掉下去，慌乱之中它拼命地扑打翅膀，就这样，它终于飞了起来！

160

生存感悟

平静的湖水，练不出真正的水手；安逸的环境，造不出时代的伟人。磨难是召唤成功的力量。

青少年 生存智慧故事

悬崖边的金子

某大公司准备以高薪雇用一名小车司机，经过层层筛选和考试之后，只剩下三名技术最优良的竞争者。主考者问他们："悬崖边有块金子，你们开着车去拿，觉得能距离悬崖多近而又不至于掉落呢?"

"二英尺。"第一位说。

"半英尺。"第二位很有把握地说。

"我会尽量远离悬崖，愈远愈好。"第三位说。

结果这家公司录取了第三位。

✦ 生存感悟

贪婪和幸福永远无缘见面。远离诱惑，也就远离了危险和罪恶，而离成功却又进了一步。抵制诱惑需要与坚定的意志为伴。

柔韧的舌头

中国古代大哲学家老子，有一天把弟子们叫到床边，他张开口用手指一指口里面，然后问弟子们看到了什么? 在场的众弟子没有一个能答得上。

于是老子就对他们说："满齿不存，舌头犹在。"意思是：牙齿虽硬，但它寿命不长；舌头虽软，但生命力更强。

✦ 生存感悟

能屈能伸，柔韧的往往比强硬的更富有生命力。宁折不弯往往并不可取，坚忍是走向成功的第一法宝。

不用挑水的和尚

有两个和尚住在隔壁，所谓隔壁就是隔壁那座山，他们分别住在相邻的两座山上的庙里。这两座山之间有一条小溪，于是这两个和尚每天都会在同一时间下山去溪边挑水，久而久之他们便成为了好朋友。

就这样时间在每天挑水中不知不觉已经过了 5 年。突然有一天，左边这座山的和尚没有下山挑水，右边那座山的和尚心想："他大概睡过头了。"便不以为意。

哪知道第二天左边这座山的和尚还是没有下山挑水，第三天也一样。过了一个星期还是一样，直到过了一个月，右边那座山的和尚终于受不了，他心想："我的朋友可能生病了，我要过去拜访他，看看能帮上什么忙。"

于是他便爬上了左边这座山，去探望他的老朋友。

等他到了左边这座山的庙，看到他的老友之后大吃一惊，因为他的老友正在庙前打太极拳，一点也不像一个月没喝水的人。他很好奇地问："你已经一个月没有下山挑水了，难道你可以不用喝水吗？"

左边这座山的和尚说："来来来，我带你去看。"于是他带着右边那座山的和尚走到庙的后院，指着一口井说："这 5 年来，我每天做完功课后都会抽空挖这口井，即使有时很忙，能挖多少就算多少。如今终于让我挖出井水，我就不用再下山挑水，我可以有更多时间练我喜欢的太极拳了。"

如果愿意做的不能做，那么就先做好我们能做的吧。身为员工领的薪水再多，那也只是在挑水。把握时间和机遇挖一口属于自己的井，那样就能悠闲地喝到属于自己的水。

潜力无限

一位音乐系的学生走进练习室。在钢琴上，摆着一份全新的乐谱。"超高难度……"他翻着乐谱，喃喃自语，感觉自己对弹奏钢琴的信心似乎跌到谷底。

已经三个月了！自从跟了这位新的教授之后，不知道为什么教授要以这种方式整人。勉强打起精神。他开始用自己的十指奋战、奋战、奋战……琴音盖住了教室外面教授走来的脚步声。

指导教授是个极其有名的音乐大师。授课的第一天，他给自己的新学生一份乐谱。"试试看吧！"他说。

乐谱的难度颇高，学生弹得生涩僵滞、错误百出。"还不成熟，回去好好练习！"教授在下课时，如此叮嘱学生。

学生练习了一个星期，第二周上课时正准备让教授验收，没想到教授又给他一份难度更高的乐谱，"试试看吧！"上星期的课教授也没提。学生再次挣扎于更高难度的技巧挑战。

第三周，更难的乐谱又出现了。同样的情形持续着，学生每次在课堂上都被一份新的乐谱所困扰，然后把它带回去练习，接着再回到课堂上，重新面临两倍难度的乐谱，却怎么样都追不上进度，一点也没有因为上周练习而有驾轻就熟的感觉，学生感到越来越不安、沮丧和气馁。

教授走进练习室，学生再也忍不住了。他必须向钢琴大师提出这三个月来为何不断折磨自己的质疑。

教授没开口，他抽出最早的那份乐谱，交给了学生。"弹奏吧！"他以坚定的目光望着学生。

不可思议的事情发生了，连学生自己都惊讶万分，他居然可以将这首曲子弹奏得如此美妙、如此精湛！教授又让学生试了第二堂课的乐谱，学生依然呈现出超高水准的表现……演奏结束后，学生怔怔地望着老师，说不出话来。

"如果，我任由你表现最擅长的部分，可能你还在练习最早的那份乐谱，就不会有现在这样的程度……"钢琴大师缓缓地说。

✦ 生存感悟

一个人要先经过困难，然后踏进顺境，才觉得受用、舒服。因为铁是愈炼愈硬的，不断挑战极限，才能不断地超越自己。相信自己，只有善于挖掘自己的潜力，才能鹤立鸡群。

脆弱的外套

一个刚参加工作的女孩莫名其妙地被老板炒了鱿鱼。中午，她坐在公园里喷泉旁边的一条长椅上发呆，她觉得未来生活渺茫。这时她听见一个小男孩站在她的身后咯咯地笑，就好奇地问小男孩："你笑什么呢？"

"这条长椅的椅背是早晨刚刚漆过的，我想看看你站起来时背是什么样子。"小男孩说话时一脸的幸灾乐祸。

女孩一怔，猛地想到：身边那些刻薄的人们不正和这小男孩儿一样，躲在我的身后想窥探我的失败和落魄吗？就算我背运，也绝不能丢掉我的志气和尊严。

女孩微笑了一下，指着前面对那个小男孩说："你看那里，那里有很多人在放风筝呢。"等小男孩发觉到自己受骗而生气地转过头时，女孩已经把外套脱了拿在手里，她身上穿的鹅黄的毛线衣让她看起来青春漂亮。小男孩嘟着嘴，失望地走了。

165

✦ 生存感悟

只有软弱无力的人才会埋怨生活中的挫折。失意随处可见，如同那些油漆未干的椅背在不经意间让你苦恼不已。但是既然已经坐上了，就洒脱地面对，脱掉你脆弱的外套，你会发现，崭新的旅程才刚刚开始！

水上飞

有一个博士分到一家研究所，成为学历最高的一个人。

有一天他到单位后面的小池塘去钓鱼，正好正副所长在他的一左一

慧

右，也在钓鱼。他只是微微点了点头，这两个本科生，有啥好聊的呢？

不一会儿，正所长放下钓竿，伸伸懒腰，噌噌噌地从水面上如飞地走到对面上厕所。博士眼睛瞪得都快掉出来了。水上漂？不会吧？这可是一个池塘啊。

正所长上完厕所回来的时候，同样也是噌噌噌地从水上走回来了。

怎么回事？博士生又不好去问，自己可是堂堂的博士生啊！

过了一阵儿，副所长也站起来，走几步，噌噌噌地漂过水面上厕所。这下子博士更是差点昏倒：不会吧，研究所竟是个高手云集之地？

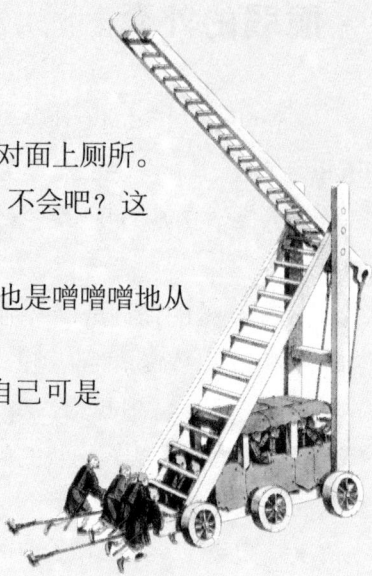

博士生也内急了。这个池塘两边有围墙，要到对面厕所得绕10分钟的路，而回单位上又太远，怎么办？

博士生也不愿意去问两位所长，憋了半天后，也起身往水里跨：我就不信本科生能过的水面，我博士生不能过。

只听扑通一声，博士生栽到了水里。

两位所长将他拉了出来，问他为什么要下水，他问："为什么你们可以走过去呢？"两位所长相视一笑："这池塘里有两排木桩子，由于这两天下雨涨水正好在水面下。我们都知道这木桩的位置，所以可以踩

着桩子过去。你怎么不问一声呢?"

生存感悟

骄傲者宁愿越轨而行,也不愿循轨走在别人后头。无论在什么时候,都不要以为自己已经知道了一切,尊重有经验的人,才能少走弯路。

杰伊·泰森的秘密

1999 年,当杰伊·泰森把一个家族企业发展成一个年利润达 1500 万美元的中型企业时,他去华盛顿领取了本年度国家蓝色企业奖章。这是美国商会为奖励那些战胜逆境的中小企业而颁发的,那年只颁发了 6 枚奖章。

泰森是一个成功的企业家,可他的心中却有一个难言之隐,他将它深深藏在心里已经很多年了。白天,泰森应接不暇地处理对外事务,好像是忙得没有时间去阅读邮件和文件。

很多文件由公司的管理人员白天就处理好了,白天遗留下来的文

Call for portfolio

件，到了晚上，由他的妻子邦妮帮助他处理，他的下属对他无法阅读这件事一直一无所知。

"我已经为他工作 7 年了，我没有看出他不会阅读的任何迹象，"公司的技术主管萨拉说，"他会将一些技术方面的机密文件拿给我，说我在这方面比他熟悉。而我不知道我是唯一读过这些文件的人。"只有极少的人知道，泰森最迫切的愿望是，能在睡觉前为他的孙子们读一个小故事。

泰森小时候在内华达的一个小矿区里上小学。"老师叫我笨蛋，因为我有阅读障碍。"他说。他是整个学校里最安静的小孩，总是默默地坐在教室的最后一排。他天生有阅读障碍，老师又责骂他，他在学校的学习变得更艰难了。1963 年，他从高中勉强毕业，当时他的成绩主要是 C、D 和 F（A 是最高等级）。

高中毕业后，泰森搬到了雷诺市，用 200 美元的本金开了一家小机械商店。他一步一步把小店发展成为了今天的机械公司。公司每年至少有 1500 万美元的利润。

尽管成功了，但是他成年后一直背负着装作会阅读而欺骗他人的耻辱。两年前，56 岁的泰森应邀参加了商业委员会，这是一个首席执行官共同探讨商务发展困境的组织。起初泰森不是很情愿参加这个组织，他担心他无法和组织中的其他成员合拍，大约在入会 6 个月后，他告诉了其他成员们他有阅读障碍。

泰森害怕受到那些大多是大学毕业的首席执行官们的嘲笑和轻视。但是，他没想到他得到的是更多的支持和鼓励。另外，当泰森告诉他的雇员他不会阅读的时候，也赢得了雇员们的尊重。泰森说："自从我下决心让每个人都知道这件事以来，我心里轻松了许多。"

从那以后，泰森聘请了一名家庭教师为他做阅读辅导。泰森最近正在读一本管理方面的书。他在所有他不认识的单词下面画线，然后去查字典，读得很慢。他希望有一天能像妻子那样可以迅速地读完办公桌上所有的文件和信函。更重要的是，他希望他的故事能鼓励其他正在学习阅读的人。

生存感悟

有缺陷并没有什么可羞愧的，然而，如果明知自己有缺陷却不做任何改进，那就会变成一种耻辱了。

别在自己的脚掌上迷路

一支由 30 人组成的探险队去亚马孙河上游的原始森林探险。因为热带雨林的气候恶劣，许多人因疾病缠身而陆续与队伍失去了联系。两个月以后，30 人中有 29 人因迷路而被困死在茫茫森林中，只有一个人创造了生还的奇迹，他就是著名的探险家约翰·鲍卢森。

约翰·鲍卢森被媒体问及求生的秘诀时，他总结了一句自己的生存法则："我只是不想在自己的脚掌上迷路。"他的信念是："只要有脚，就会有路。"在严重哮喘的情况下，他饿着肚子在莽莽丛林中坚持摸索了整整三天三夜。途中他晕过去十几次，但每次都被心底求生的信念支撑着站了起来，奇迹就这样在他倔强的脚底诞生！

169

生存感悟

有多顽强的生存信念，就有多壮丽的人生。浪再大也是在货船底下，山再高也是在人脚下。

包了石头的纸

小陈在新公司的工作任务很重，压

力太大，一次放假回家他说起工作，不由得一通抱怨，说同事在公司都是关系户，他一个人要干两三个人的活，不堪重负，打算辞职。

父亲听完没有说话，随手拿了两张纸，使劲扔出一张，那纸却飘荡在眼前，然后父亲又从地上捡了一块石头包进另一张纸里，随手一扔就扔出很远。

"孩子，你看纸沉吗？可加了石头的那张纸却扔得很远。年轻人多做些事，肩上压点儿重担子，能锻炼人，是好事！"

听了父亲的话，小陈想通了，决定化压力为动力，从此工作干得更加积极、主动。一年之后，部门进行优化组合，小陈升为办公室主任，身为关系户的几个同事却下岗了。

★ 生存感悟

成功的人们能攀上高峰，不是靠运气，而是他们在别人酣睡的夜晚，凭着不死的信念不辞辛劳地坚持攀登到达的。

勇敢的耍赖

这是我的第二次应聘，这是家不错的公司，薪资高，待遇好，但相应的招聘条件也相当苛刻。第一次应聘时我手足无措，对人事经理所提的问题还没反应过来，就惨遭淘汰。

现在，我装成若无其事的样子再次站在应聘队伍里。10分钟后，人事经理出来了，他瞟了一眼长长的应聘队伍说："已经应聘过一次的再聘者请出

来，本公司不欢迎再聘者。"

接着大概七八个人没精打采地出来了，经理则开始对着手头的报名单一个接一个地打量应聘者，这一打量又让他查出了好几个再聘者，"你，请站出来，请不要企图蒙混过关……"轮到我时，我深吸一口气，目不斜视地望着前方。经理老练的眼神对着我，他足足盯了我三四十秒钟，才将眼神跳到下一位应聘者身上。接下来，我表现得得心应手，经过一轮轮的面试，我被录用了！

一个月后，我跟人事经理因工作上的频繁接触熟悉起来。一天，交谈中他告诉我面试时他知道我是再聘者，我惊讶地问他为什么不将我淘汰出局，没想到他一脸认真地说："你当初若无其事，处变不惊的样子，就已经顺利地通过了我们那道考验勇气的心理测验关。"

生存感悟

轻轻地抚摸荨麻，它会扎痛你的手；狠狠地攥住它，它就会柔软得像丝绸。勇敢地面对考验吧，不然你不会知道自己究竟有多大的勇气。

饿死的秃鹰

1996 年世界爱鸟日这一天，芬兰维多利亚国家公司应广大市民的要求，放飞了一只在笼子里关了 4 年的秃鹰。事过三日，当那些爱鸟者们还在为自己的善举津津乐道时，一位游客在距公园不远处的一片小树林里发现了这只秃鹰的尸体。解剖发现，秃鹰死于饥饿。

秃鹰本来是一种十分凶悍的鸟，甚至可与美洲豹争食。然而它由于在笼子里关得太久，远离天敌，结果丧失了生存能力。

生存感悟

生活中也有各种各样的笼子，或美丽或安逸舒适，有些人的处境和那只笼子里的秃鹰差不多少。虽然它能让人暂时乐而忘忧、流连忘返，但毕竟是囚困你的笼子。

人生的梯子

一家外企欲聘一名总裁助理，筛选到最后只剩下 4 个人（三男一女）做最后角逐。最后一次考核是攀岩比赛，参赛者必须背着一捆用较长的绳子捆得结结实实的短木棒，看谁能在最短的时间内把木棒送达指定地点。

那个女孩儿攀岩之前灵机一动，把捆着短木棒的长绳解开，把短木棒一根根地绑在绳子上，扎成了一架简易的软木梯，这样一来重重地一捆木棒就变成了一种有用的攀爬工具，原来的负重没有了。她凭着自己的智慧赢得了这场比赛。

生存感悟

负重并不可怕，只要你能将压力转化为动力，把负重变成人生的梯子，就能攀着自架的梯子轻松自如地攀上成功的巅峰。

过 河

甲、乙、丙三个樵夫从镇上卖柴回家时天色已晚，来到河边时，岸上已没有了渡船。

甲建议游泳过河，可乙、丙说河水太冷太急，怕出危险，不同意甲的建议；乙建议沿着河岸找桥过河，甲、丙嫌路太远；丙建议大家在原地留宿一晚，可甲、乙都知道，附近经常有豺狼出没，在这儿留宿会有生命之危。三人意见不合，只有分道扬镳。

甲跳进了湍急的河水中。游到河中央，一个大浪头打过来，甲为了顾全性命，慌乱中把包给松开了，结果卖柴的钱都被水冲走了。上岸之后，甲后悔当初没有听乙和丙的话，那样钱就会不被水冲走了。

乙一心只想找桥过河，他走啊走，在一处偏僻的地方突然冒出一个强盗，抢走了他所有的钱。乙被抢之后，后悔当初没有听甲和丙的建议，不然自己也不至于遭抢。

乙一回到家，就去敲甲的门。一见面，他们把彼此的遭遇一说，两人不约而同地后悔起来："要是我们都听丙的话，钱就不会丢了。"

可是第二天大早，甲和乙就听说，丙昨晚被豺狼吃了。甲乙两人失声痛哭："丙兄，昨天晚上你要是听我们的，也不至于落到尸骨无存的地步啊……"

173

⭐ **生存感悟**

其实，选择哪种方式过河并不重要，问题在于关键时刻三人要团结一心。一人踩不倒地上草，众人踩出阳关道。

第二次跌倒

一个探险者在途中突然改变主意，决定抄近道前往目的地。在他穿越一片看似平坦的草地时，没走几步，脚就被什么东西猛地绊了一下，摔了个跟头。他没在意，从草地上爬起来，揉了揉有点儿疼痛的膝盖，继续前行。

但没走出几米，他又结结实实地摔了一跤，这次他没有急着站起来，而是躺在那里，一边揉着受伤的腿，一边仔细地打量脚下的草地。

原来，绊倒他的是一个草环，那是一种疯长的丛生类植物，用极柔韧的枝蔓编织的一个很隐蔽的草环，在他跌倒的周围有很多这样的草环，行人稍不留意，就会绊一个跟头，待他坐起来，再往前一看，不由得大吃一惊——前方掩藏在草丛之中的，竟是一片可怕的沼泽。

转到另一条安全的路上，他仍在庆幸刚才跌的那个跟头，后来听说，那片隐蔽在草地深处的沼泽，不久前还吞噬了两个粗心的过路人呢。

★ 生存感悟

有时候，跌倒了别急于爬起来，应该清楚地知道自己为什么跌倒，知道怎样才能不跌更大的跟头。

洁净如新的马桶

一个妙龄少女来到东京帝国酒店当服务员。这是她的第一份工作，她很激动，并决心一定要做好！可万万没有想到，经理竟安排她洗厕所！

当她手拿着抹布伸向马桶时，就会恶心得直吐。而上司对她的要求高得骇人——必须把马桶洗得光洁如新！

她开始觉得自己不适合这份工作，想到了辞职。

一天，酒店的一位前辈看出了她的苦衷，走过来亲自给她示范如何洗马桶。他一遍遍地抹洗着马桶，直到抹洗得光洁如新，然后从马桶里盛了一杯水，毫无勉强之意地喝了下去！她看得目瞪口呆，恍然大悟：光洁如新，要点在于"新"，新则不脏，而这是自己能够做到的，就算一生洗厕所，也要做一名洗得最出色的人！

几十年后的今天，她已经高居日本政府的邮政大臣之位，她的名字叫野田圣子。

★ 生存感悟

工作中能把毫不起眼的事情做到极致，乃成大事者的作为，稳步而坚忍，机遇之门也会随之敞开。许多时候正是你坚持不懈的努力召唤来了好运气。

了不起的橡皮辊

在美国历史博物馆内收藏着一个普通的橡皮辊，它曾经是保洁工人用来清洁纽约世贸大厦窗户的。然而，就是这么一个普普通通的橡皮辊，却在危急关头救了6个人，它也因此被作为美国"9·11"事件的历

史见证被永久地保存。

2001年9月11日，当恐怖分子劫持的第一架飞机撞向世贸大厦的北楼时，正在运行的一架电梯在爆炸声中停在50层。6位乘客被困，其中有一位是大楼窗户的清理员丹姆克·佐尔，6位乘客齐心协力把电梯门扒开，可是，门开之后，出现在他们眼前的却不是出口，而是一堵墙。

就在大家陷入绝望之际，丹姆克·佐尔敲了敲那面墙，发现它并不是由混凝土制成的。于是，他拆下手中用来清洁窗户的橡皮辊上的刀片，并用它在墙上使劲地凿起来。45分钟之后，他们终于凿出了一个小洞口。6个人急忙从洞口钻出来，然后顺着楼梯往下跑。他们跑出此楼还不到5分钟，大楼就轰然倒塌了。

✦ 生存感悟

其实救了6个人性命的不单单是那根橡胶辊，而是顽强的求生信念和不屈的斗志。临事积极果断、意志坚定，再大的困难我们也有机会战胜！

最好的搀扶是不扶

小马驹刚生下来时，像从水坑里捞出来的一根木棒，使劲地支撑前

肢，力图站起来，但很快就倒下了。起来，倒下，起来再倒下，一次又一次。这时，母马走上前去，用鼻子对着湿漉漉的马驹喷出气来。

小马驹嗅到母亲的气味，更加用力了，两条后腿也支了起来。四条腿弯弯地叉开着，然后重重地摔倒。这样反复了几次，小马驹终于站住了，并向妈妈那里走出几步，接着又是摔倒。

而那母马看到小马驹向它走去时，不是迎接，却是向后退步，小马驹贴近一步，它就后退一步；小马驹倒下了，它又前进一步。有人见母马故意折腾小马驹，让这么小的生命遭罪，就想过去搀扶一把。养马人却拦住了他，并说，"一扶就坏了。一扶，这马就成不了好马了！"

生存感悟

摔打、磨难是生命中必须独自体验和经历的过程。逃避这个过程，你就永远也成不了千里马。生活中，有人在别人跌倒时，总是习惯于伸出搀扶之手，以为这是在帮助别人。其实，让其自己站起来，往往是最好的搀扶。

长颈鹿的哲学

加里·里士满在他的著作《动物园观察》中描绘了一只新生的长颈鹿如何学习它的第一课。

把一只长颈鹿带到世上是一个艰难的过程。小长颈鹿从妈妈的子宫里掉出来，落到大约三米高的地面上，通常后背着地。几秒钟内，它翻过身，把四肢蜷在身体下。依靠这个姿势，它第一次得以审视这个世界，并甩掉眼睛和耳朵里最后残存的一点羊水。然后，长颈鹿妈妈便用粗暴的方式把它的孩子带到现实生活中。

长颈鹿妈妈低下头，以看清小长颈鹿的位置，将自己确定在小长颈鹿的正上方。她等待了大约一分钟，然后做出残忍的事——她抬起长长的腿，踢向她的孩子，让它翻了一个跟斗后，四肢摊开。

如果小长颈鹿不能站起身，这个粗暴的动作就被长颈鹿妈妈不断地重复。小长颈鹿为站起来，拼命努力。因为疲倦，小长颈鹿有时会停止努力。妈妈看到，就会再次踢向它，迫使它继续努力。最后，小长颈鹿终于第一次用它颤动的双腿站起身来。

这时，长颈鹿妈妈再次把小长颈鹿踢倒。原来她是想让它记住自己是怎么站起来的。在荒野中，小长颈鹿必须能够以最快的速度站起来，以免使自己与鹿群脱离，在鹿群里它才是安全的。狮子、土狼等野兽都喜欢猎食小长颈鹿，如果长颈鹿妈妈不教会她的孩子尽快站起来，与大部队保持一致，那么它就会成为这些野兽的猎物。

✦ 生存感悟

适者生存，只有在一次次磨练中才能坚强地成长，每次被击倒后，都要咬紧牙关站起来，唯有如此才能不被摧毁。

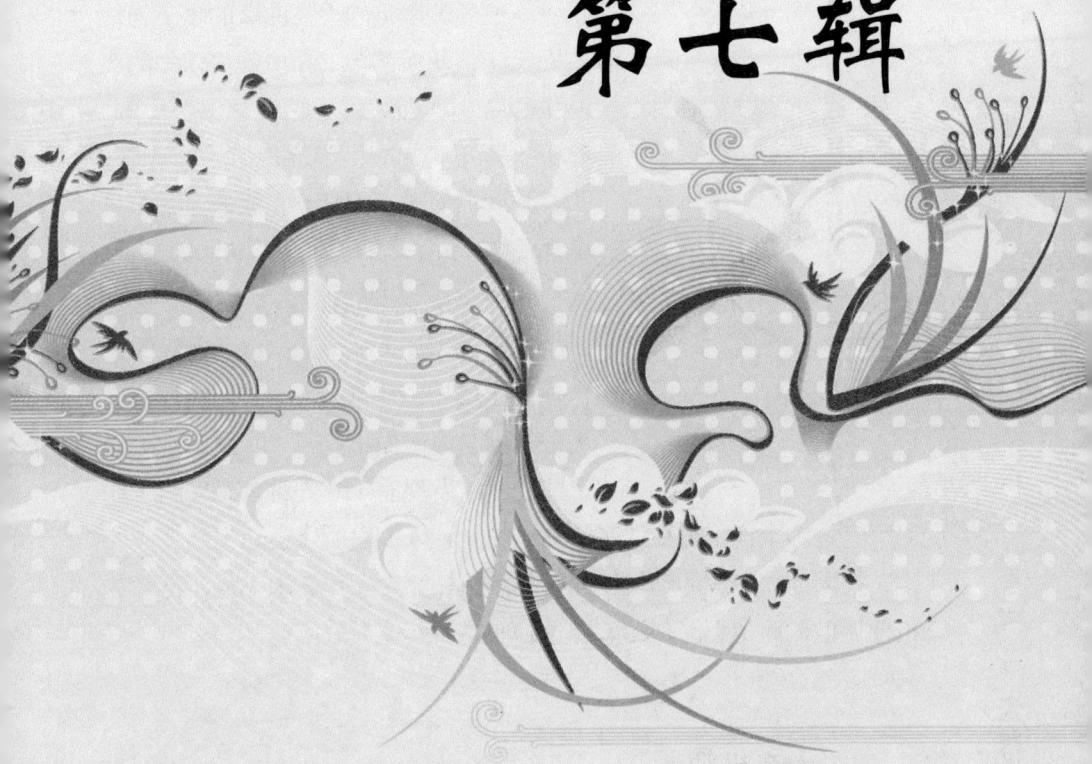

第七辑

趋合心理和蔡戈尼效应

心理学家说，人们天生有一种办事有始有终的内驱力。可是，这种内驱力是因人而异的，有人喜欢拖延，有人非一口气把事做完不可。

请试画一个圆圈，在最后留下一个小缺口，现在请你再看它一眼，你的心思会倾向于要把这个圆完成。据心理学家的解释，这种"趋合"心理作用，是"如果起初不完美，到最后不免要导致完美的神经模式"的张力。

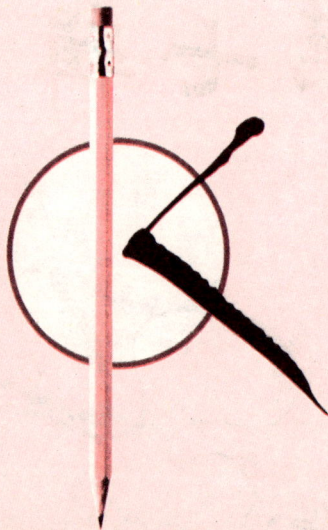

关于趋合心理，曾有过这样一段佳话：一位爱睡懒觉的大作曲家的妻子为使丈夫起床，便在钢琴上弹出一组乐句的头三个和弦。作曲家听了之后，辗转反侧，终于不得不爬起来，弹完最后一个和弦。趋合心理逼使他在钢琴上完成他在脑中早已完成的乐句。

1927年，心理学家蔡戈尼做了这样一个试验：她让138个儿童做一连串的工作，要求其中一半人把自己的事情做完，另一半则在中途停止。一小时后，她测试那些儿童，发现有110人对未做完的工作比对已完成的工作记得更清楚。其结论是：人们之所以会忘记已完成的工作，是因为欲完成的动机已经得到满足；如果工作尚未完成，这同一动机便使他对此留下深刻印象，这种心态叫蔡戈尼效应。

★ **生存感悟**

对大多数人来说，趋合心理和蔡戈尼效应的组合是流畅、和谐地发挥作用的。

可是，有些人总是慢腾腾地永远不能完成一项工作，这些人需要调整他们的完成内驱力。

由于害怕完成，因而做事拖沓，永远不能把工作做完的人，他们往往经不起挫折失败，所怀的期望不合实际，又不能为了未来的收获而多吃眼前之苦。因此，他们轻率地摒弃了自己的完成内驱力，他们可能由于不能立即升任高级主管而灰心，以至放弃大好机会去另找工作。

一个人做事半途而废，也许只是因为害怕失败。他永远不去把一件作品完成，以避免受到批评；也可能由于他在潜意识中就不相信自己会成功，于是害怕而且避免成功。

当你知道了自己为何不能有始有终的一些原因后，你应该改变自己的作风，强化自己的意志。一点一滴地强化意志力，强迫自己完成一件简单的工作，例如刹车，可使你的完成内驱力逐渐增强。

习惯与自然

一根小小的柱子，一截细细的链子，拴得住一头千斤重的大象，这不荒谬吗？可这荒谬的场景在印度和泰国随处可见。那些驯象人，在大象还是小象的时候，就用一条铁链将它绑在水泥柱或钢柱上，无论小象怎么挣扎都无法挣脱。小象渐渐地习惯了不挣扎，直到长成了大象，可以轻而易举地挣脱链子时，也不挣扎。

驯虎人本来也像驯象人一样成功，他让小虎从小吃素，直到小虎长大。老虎不知肉味，自然不会伤人。驯虎人的致命错误在于他摔了跤之后让老虎舔净他流在地上的血，老虎一舔不得了，

终于将驯虎人吃了。

小象是被链子绑住，而大象则是被习惯绑住。

虎曾经被习惯绑住，而驯虎人则死于习惯（他已经习惯于他的老虎不吃人）。

习惯几乎可以绑住一切，只是不能绑住偶然。比如那只偶然尝了鲜血的老虎。

✶ 生存感悟

其实，任何人和其他动物一样，天生是惰性的。如果没有东西激励他，他就几乎不会思想，而会按着习惯行动，就如同一个机器人。

阿土的较量

陈阿土是台湾的农民，从来没有出过远门。攒了半辈子的钱，终于参加一个旅游团出了国。国外的一切都是非常新鲜的，关键是，陈阿土参加的是豪华团，一个人住一个标准间。

这让他新奇不已。早晨，服务生来敲门送早餐时大声说道："Good Morning, Sir!"陈阿土愣住了，这是什么意思呢？在自己的家乡，一般陌生的人见面都会问："您贵姓？"于是陈阿土大声叫道："我叫陈阿土！"

如是这般，连着三天，都是那个服务生来敲门，每天都大声说："Good Morning, Sir!"而陈阿土亦大声回道："我叫陈阿土！"但他非常

生气。这个服务生也太笨了，天天问自己叫什么，告诉他又记不住，很烦的。

终于他忍不住去问导游："Good Morning, Sir!"是什么意思，导游告诉了他，天啊！真是丢脸死了。

陈阿土反复练习"Good Morning, Sir!"这个词，以便能体面地应对服务生。又一天的早晨，服务生照常来敲门，门一开陈阿土就大声叫道："Good Morning, Sir!"与此同时，服务生叫的是："我叫陈阿土！"

生存感悟

人与人交往，常常是意志力与意志力的较量。不是你影响他，就是他影响你，而我们要想成功，一定要培养自己的影响力，只有影响力大的人才可以成为最强者。

183

把自己变成聋子

从前，有一群青蛙组织了一场攀爬比赛。比赛的终点是一个非常高的石塔的塔顶。一大群青蛙围着石塔看比赛，给它们加油。

比赛开始了。老实说，观看者中没有谁相信这些小小的青蛙会到达塔顶，它们都在议论："这太难了，它们肯定到不了塔顶！""它们绝不可能成功的，因为塔实在太高了！"

听到这些议论，一只接一只的青蛙开始泄气了，除了情绪高涨的几只还在往上爬。旁观者继续喊着："这太难了，没有谁能爬上顶的！"

越来越多的青蛙累坏了，退出了比赛。但有一只却还在爬，而且越爬越高，一点没有放弃的意思。

最后，其他所有的青蛙都退出了比赛，除了那一只，它费了很大的劲，终于成为唯一一只到达塔顶的胜利者。

很自然，其他所有的青蛙都想知道它是怎么成功的。

有一只青蛙跑上前去问那个胜利者它哪来那么大的力气爬完全程的，它却发现这只青蛙竟然是个聋子！

✦ 生存感悟

永远不要听信那些习惯消极悲观看问题的人，因为他们只会粉碎你内心最美好的梦想与希望。

总是记住你听到的充满力量的话语，因为所有你听到的或读到的话语都会影响你的行为。

而且，最重要的是：当有人告诉你，你的梦想不可能成真时，你要变成"聋子"，对此充耳不闻。

要总是想着：我一定能做到！

跳出平庸

国王为挑选继承人，给两个儿子出了道难题："给你们两匹马，白马给老大，黄马给老二，你们骑马到清泉边去饮水，谁的马走得慢，谁就是赢家。"

老大想用"拖"的办法取胜，而弟弟则抢过老大的白马飞驰而去。结果，弟弟胜了，因为他骑的是老大的马，自己的马自然就落到了后面。

　　"骑马思维"说穿了就是"创造性思维"。其特点是：跳出平庸，出奇制胜！所以，在社会的各个领域里，那些能"骑马思维"的，往往是赢家！

一点点

　　彼得和瓦尔都是年轻人，两个人在同一家公司上班，且工作都很努力。然而，瓦尔上班不久就得到了总经理的赏识，一再被提升，从一般职员做到总经理助理，而彼得好像被人遗忘了一样，几年过去了，依然是普通职员。

　　有一天，彼得终于忍不住了，他向总经理提出辞职，并有些气愤地说总经理太不公平，太没有眼光了，埋头苦干的人没有提拔，热衷于吹牛拍马的人倒受欢迎。

　　总经理默默地听彼得说完，他知道彼得工作勤恳、任劳任怨，但他身上缺少某种东西，如果直接对彼得说他肯定不服，总经理想出一个办法，说："好吧，彼得，或许我真的没有眼光，不过我要证实一下，你现在马上去本市最大的超市，看看今天有什么特价商品。"彼得很快从超市回来了，说超市有特价啤酒出售。"特价啤酒多少钱一瓶？"总经理问。

　　彼得又折回超市，回来说一元钱一瓶。"是什么牌子的啤酒？"总经理又问，彼得又要跑回，却被总经理叫住了。"彼得，请休息一会儿，看看瓦尔是怎样做的。"

　　总经理派人叫来了瓦尔，对他说："瓦尔，你马上到本市最大的超市去，看看今天有什么特价商品。"不一会儿，瓦尔回来了，他向总经理汇报，超市正在出售一种叫"桂树牌"的特价啤酒，每瓶只卖一元，共有五百箱，但每人限购五瓶，他还带回了一瓶给总经理品尝。另外，他还告诉总经理，今天下午超市出售特价花生油。彼得一直站在一旁看着，他的脸渐渐红了，他请求总经理把辞呈退还给他，现在他终于知道自己和瓦尔之间的距离了。

★ 生存感悟

其实成功者之所以能够成功，并没有太多的秘密，有时只不过他们比常人思路宽一些罢了。凡事多转个念头，非但不会浪费时间，反而能使自己对未来更充分、更全面地了解和把握，从而容易到达成功的彼岸。

三种人生

雨后，一只蜘蛛艰难地向墙上已经支离破碎的网爬去，由于墙壁潮湿，它爬到一定的高度，就会掉下来。它一次次地向上爬，一次次地又掉下来……第一个人看到了，他叹了一口气，自言自语："我的一生不正如这只蜘蛛吗？忙忙碌碌而无所得。"于是，他日渐消沉。

第二个人看到了，他说："这只蜘蛛真愚蠢，为什么不从旁边干燥的地方绕一下爬上去？我以后可不能像它那样愚蠢。"于是，他变得聪明起来。第三个人看到了，他立刻被蜘蛛屡败屡战的

精神感动了，他变得坚强起来。

　　在第一百次成功的人少，在第五十次泄气的人多。有成功心态者处处都能发觉成功的力量，并最终会利用成功的力量实现目标。

被拒绝的收入

　　美国国际投资顾问公司总裁廖荣典有个很有名的百分比定律。他认为假如会见 10 名顾客，只在第 10 名顾客处获得 200 元定单，那么怎样看待前 9 次的失败与被拒绝呢？

187

　　他说："请记住，你之所以赚 200 元，是因为你会见了 10 名顾客才产生的结果，并不是第 10 名顾客才让你赚到 200 元。而应看成每个顾客都让你做了 200÷10=20 元的生意。因此，每次被拒绝的收入是 20 元。当你被拒绝时，想到这个顾客拒绝了我，等于让我赚了 20 元，所以应面带微笑，敬个礼，当做收入是 20 元。"

　　日本日产汽车推销王奥程良治也有类似的说法。他从一本汽车杂志上看到，据统计，日本汽车推销员拜访顾客的成交比率为 1/30；换言之，拜访 30 个人之中，就会有一个人买车。

此项信息令他振奋不已。他认为，只要锲而不舍地连续拜访 29 位之后，第 30 位就是顾客了。最重要的，他觉得不但要感谢第 30 位买主，而且对先前没买的 29 位更应当感谢，因为假如没有前面的 29 次挫折，怎会有第 30 次的成功呢！

✦ 生存感悟

　　成功是有一定的概率分布的，关键看你能不能坚持到成功开始显现的那一天。那一天也许就是明天，可见成功与失败往往处在临界点。

拯救的勇气

　　一天早晨，电报收发员卡纳奇来到办公室的时候，得知由于一辆被撞毁的车子阻塞了道路，铁路运输陷入瘫痪。更要命的是，铁路分段长司各脱不在。按照条例，只有铁路分段长才有权发调车令，别人这样做会受到处分，甚至被革职。车辆越来越多，喇叭声、行人的咒骂声此起彼伏，有人甚至因此动起手来。

　　不能再等下去了。卡纳奇毅然发出了调车电报，上面签着司各脱的名字。司各脱终于回来了，此时阻塞的铁路已畅通无阻，一切顺利如常。不久，司各脱任命卡纳奇为自己的私人秘书，后来司各脱升职后，又推荐卡纳奇做了这一段铁路的分段长。

✦ 生存感悟

　　勇气是一种拯救的力量，原本无望的事，大胆尝试，往往能成功。一颗善于打破常规的勇敢的心可以使整个事态向好的方向转变。

金黄色的 "尿"

很多啤酒商都发现，要想打开比利时首都布鲁塞尔的啤酒市场非常难。于是就有人向畅销比利时国内的 "哈罗" 牌啤酒厂取经。哈罗啤酒厂位于比利时首都布鲁塞尔的东郊，无论是厂房建筑还是生产设备都没有很特别的地方。但该厂的销售总监林达是轰动欧洲的策划人员，由他策划的啤酒文化节曾经在欧洲多个国家盛行。

林达刚到这个啤酒厂的时候还是一个不满 25 岁的小伙子，那时他看上了厂里一个很优秀的女孩，然而那个女孩却对他说："我不会看上一个像你这样普通的男人。" 于是林达决定做些不普通的事情。

那时的哈罗啤酒厂市场份额正在一年一年地减少，因为啤酒销售的不景气而没有钱在电视或报纸上做广告。

销售员林达多次建议厂长到电视台做一次演讲或者广告，但都被厂长拒绝。林达决定冒险做自己想做的事情。他贷款承包了厂里的销售工作，正当他为怎样去做一个最省钱的广告而发愁时，他徘徊到了布鲁塞尔市中心的于连广场。

广场中心的铜像启发了他，广场中心撒尿的男孩铜像就是用自己的尿浇灭了侵略者炸城的导火线从而挽救了这个城市的小英雄于连。林达突然决定了他要做一件让所有人都意想不到的事情。

第二天，路过广场的人们发现于连的尿变成了色泽金黄、泡沫泛起的 "哈罗" 啤酒，旁边的

大广告牌子上写着"哈罗啤酒免费品尝"的广告语。一传十、十传百，很快全市老百姓都从家里拿出自己的瓶子、杯子排成队去接啤酒喝。电视台、报纸、广播电台争相报道。年底结算，该年度的啤酒销售产量是上一年的 18 倍。林达成了闻名布鲁塞尔的销售专家。

⭐ **生存感悟**

　　要想使自己成功，需要有勇气在适当的机遇中做一些别人没有做过的事情。尝试是通向成功的一把好梯子。

两个开发商

　　两个房地产开发商，一个在城南 20 里开发梦蝶嘉园，一个在城北 20 里开发龙腾山庄。城南的聘请了最好的设计师，使用了一流的施工队，城北的也是如此。

　　一年后，总投资 8 亿元的梦蝶嘉园建成了。60 栋楼房环湖排列，波光倒影，清新雅静，曲径回廊，处处花草，置身其中，真如在花园中一般。不久，龙腾山庄也竣工了，它真像一座山庄，60 栋楼房依山而筑，青砖碧瓦，绿树掩映，清风徐徐，松涛鸟鸣，确实是理想的居住地。

　　梦蝶嘉园首先在电视上打出广告，接着是报纸和电台，他们打算投资 1000 万做宣传，让梦蝶嘉园成为购房者真正圆梦的地方。龙腾山庄建好后，也拿出 1000 万，不过它没有交给广告公司，而是给了公交公司，让他们把跑北线的车由每半小时一班增加到每 5 分钟一班。一个月后，龙腾山庄售出的房是梦蝶嘉园的 10 倍。一年过去，龙腾山庄开始清盘，梦蝶嘉园开始降价。

　　现在去龙腾山庄的车每两分钟就有一班，坐这条线路上的车，人们

可以得到一张如公园门票大小的彩色车票，它的正面是龙腾山庄的广告，反面是一首四言绝句，这种车票每周一换。据说，龙腾山庄有个孩子已在车上背了四百多首唐诗，最少的也背了五十几首。

前不久，梦蝶嘉园申请破产，龙腾山庄借势收购。从此，市区又多了一条车票上印有宋词的线路。

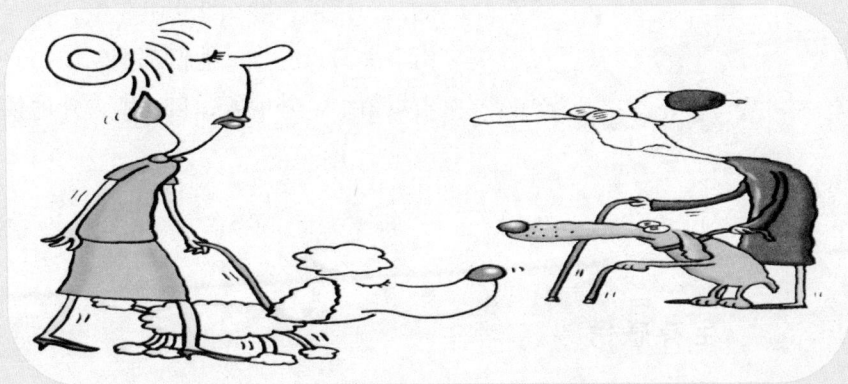

191

★ 生存感悟

智者的一个明显特征就是不做莽撞的事，智者有远见有卓识，智者从市场的实际需要出发、从人性化角度考虑，才得以在竞争中立于不败之地。

肥水流入外人田

一个年轻人，在家门口做了6年生意，贩过菜，倒过服装，卖过鸭子，然而每次都因生意不好而歇业。后来，他因一个偶然的机会去了青海，发现那儿没有卖海带的，于是便电告老父亲发了10箱海带过去。谁知一发不可收拾，三年后，他成了那儿的海产品大王，并且把连锁店办到了新疆和西藏，如今资产逾百万。

慧

有一年，他回老家，发现在他熟知的那条街上，竟然布满温州人的眼镜店，安徽人的烤鸭摊，湖南人的竹器铺，广东人的小家电公司，并且个个生意红火。而当年与他一起做生意的几个伙伴，要么北上哈尔滨，要么南下海口、深圳，他们都把家门口的市场留给了外地人，自己则去外地找市场去了。

 生存感悟

太熟知或太了解，有时并不一定是优势，倦怠和疲惫，迟钝和漠然，往往都产生于熟知和了解之中；陌生则蕴含着新奇和刺激，蕴含着灵感和商机。因此走进陌生的人，往往会撞上成功的机遇，会发现新的道路，会见到别有洞天的风景。

享受成功

有一个人，从小到大做什么都不成功。他感到上天不公，于是，他决定去寻找上帝，询问上帝成功是什么。

这个人翻山越岭，来到河边，见到一位老翁，就走过去问："老人家，成功是什么？"那位老人就回答他："成功就是能每天都钓到鱼。"

这位年轻人继续他的旅途。他渡过了河，来到了森林中，遇见一个正在赶路的中年男人，就问他："成功是什么？"那个中年男人就回答他："成功就是每天都能捕获野兽。"

这个人穿过了森林，也穿过了沙漠，来到沙漠边缘，找到了上帝，问："成功是什么？"上帝很慈祥地回答："成功是生活，成功是经验，成功是汗水。年轻人，不要执著于成功，而应享受成功的过程。"年轻人听了顿悟，就辞别了上帝，回家去了。

到家之后，他将旅途中的所见所闻写了下来，出了一本书《享受成功》。他凭借着这本书，终于获得了成功。

✦ 生存感悟

很多人都想成功，却不懂得贴近生活，收集在生活中的经验和智慧，没有付出，自然不能成功。学会享受成功的过程，从过程中找到乐趣，这才是真正意义上的成功。

试穿的魅力

几年前，美国沃尔弗林环球公司生产了一款名叫"安静的小狗"的休闲鞋。几个调查策划文案先后摆在营销部经理埃克森的桌上，他很不满意，因为文案里的方法太模式化了。埃克森的好友得知他的烦恼后说："我看看是什么样的休闲鞋，不妨让我先试穿一下。"

埃克森从柜子里捧出一双样品递给好友，看着他穿上在屋里走了几圈。

"还别说，真不错，我都有点舍不得脱了。"好友边说边低头爱惜地望着那双鞋，"这鞋多少钱一双？能不能先卖给我一双？"好友一连问了好几声，都未见埃克森回答，便抬起头，见埃克森正伏案飞

快地写着什么。很快，一份新颖的策划文案在埃克森的指挥下付诸实施。

他们先后把 200 双鞋无偿送给 200 位顾客试穿一个月。一个月后，公司派人登门收回。试穿者若想留下，每双鞋付 5 美元。其实，埃克森并非想收回鞋而是想知道 5 美元一双的休闲鞋是否有人愿意买。结果，绝大多数试穿者都把鞋留了下来。得到这个信息后，公司决定大规模生产，并以每双 8 美元的价格销售了几万双这种名为"安静的小狗"的休闲鞋。

 生存感悟

投资才有回报。不要吝啬小钱，钱是会长翅膀的，有时你必须放它出去飞，才能招引来更多的钱财。

194

购买"设想"

那是一个晴朗的星期天，日本冈田屋百货公司又迎来了一批批顾客。老板冈田先生处理完手中的事务，便到各个柜台巡视一圈，顺便可以了解一下各部门的销售情况。这时，两位主妇很有礼貌地对他说："我们觉得这种切菜板不太实用，如果能在旁边安一个抽屉，这样可放一些小工具，省得切菜时还得现找。另外，这个盒子底部要是有一个活塞开孔，清洗时就方便多了。"

冈田先生认真地听完后，心想：这两位主妇对厨具

有如此的设想,那么,其他主妇在购物时说不定也会对其他商品有许多新颖的想法,如果能把这些想法收集起来反馈给厂家,改进生产,那样百货公司一定会吸引更多的顾客。如此一想,冈田先生顿时兴奋异常。

不久,冈田屋百货公司别出心裁地举办了一次"向太太们购买设想"的活动。凡参加活动的入选者,公司奖励 1 万日元的购物券。此项活动深得家庭主妇们的欢迎和响应,冈田屋百货公司借此收集到许多"设想",那些实用而有新意的设想为公司带来了数亿元的效益。

生存感悟

聪明人听到一次,就会思考 10 次;看一次,就要实践 10 次。知道不足并善于改进才能步入成功之道。

神奇的泉水

从前,有个生麻风病的病人,病了近 40 年,一直躺在路旁,等人把他带到有神奇力量的水池边。但是他躺在那儿近 40 年,仍然没有往水池目标迈进半步。

有一天,天神碰见了他,问道:"先生,你要不要被医治,解除病魔?"

那麻风病人说:"当然要!可是人们都是只顾自己,不肯帮我。"

天神听后,再问他说:"你想不想治好病?"

"想,当然想啦!但是等我爬过去时,恐怕水都干涸了。"

天神听了那麻风病人的话后,有点生气,再问他一次:"你到底要不要被医治?"

他说:"要!"

天神回答说:"好,那你现在就站起来自己走到那水池边去,不要

老是找一些借口为自己辩解。"

听后，麻风病人深感羞愧，立即站起身来，走向池水边，用手心盛着神水喝了几口。刹那间，那纠缠了他近 40 年的麻风病竟然好了!

生存感悟

理想每个人都有，成功每个人都想要。但如果今天你的理想尚未达到，成功遥不可及，你是否曾经考虑过，你为自己的理想付出了多少努力? 是不是经常找一大堆借口来为自己的失败而狡辩?

半壶水的奇迹

在波涛汹涌的大海上，一艘轮船不幸失事。大副带着幸存的 9 名水手跳上了救生艇，在海面上漫无目标地漂流。20 天过去了，大家依然看不到一丝获救的希望。大副守护着仅存的半壶水，不许那 9 个人碰它一下—— 一有水就有活下去的希冀，没有了水，大家就再也难以撑下去了。大副是救生艇上唯一一带枪的人，他用枪口对着那 9 个随时都有可能疯狂地冲上来抢水的水手，任凭他们对着自己咒骂咆哮。

在这 9 个人当中，最凶悍的是一个秃顶的家伙。他把双眼眯成一道缝，威胁地盯着大副，用他那沙哑的破嗓子奚落道: "你为什么还不认输? 你无法坚持下去了!"说着，他猛地蹿上来，伸手去抢壶。大副毫不客气地用枪对准了他的胸膛。秃顶叹一口气，乖乖地坐下了。

为了保护这半壶维系着生命之希冀的淡水，大副已是两天两夜没有合眼了。他告诉自己一定要挺住，否则，秃顶他们会用鲁莽的举动亲手把所有落难者推进死亡的深渊。然而，干渴和困倦折磨得他再也撑不下去了，他握枪的手一点点软下去，软下去……惶急中，他居然把枪塞给了离他最近的秃顶，断断续续地说："请你……接替我。"然后就脸朝下跌进了船舱。

十多个小时过去了，黎明时分，大副醒了过来，他听到耳畔有个沙哑的声音说："来，喝口水。"

——是秃顶！

秃顶一只手拿着淡水壶，另一只手稳稳地握住枪对着其余 8 个越发疯狂的水手。看到大副满脸疑惑，秃顶略显局促地说："你说过，让我接替你，对吗？你是领班，是指挥，你就要对其他人负责，你看问题就不能太简单，是这样吧？"

一轮朝日终于送来了一艘救援的船。令救援者万分震惊的是，虽然这 10 个人干渴得嘴唇上裂着血口，但大副的手里却握着淡水壶。前来援救的船长从大副紧握的手中接过淡水壶，摇了摇，一种细细的沙沙声通过壶壁传来。船长小心翼翼地拧开盖子，一股细沙从壶里滑落……

★ 生存感悟

忍耐和坚持是痛苦的，但它会逐渐给你带来好处。你要是爬山，就一鼓作气地爬到顶，一摔倒，就会跌到深渊里去。

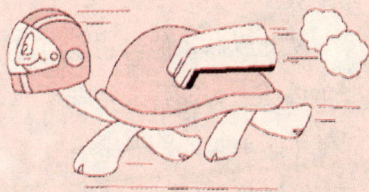

当一块石头有了愿望

在法国，一位名叫薛瓦勒的乡村邮差每天徒步奔走在乡村之间。有一天，他在崎岖的山路上被一块石头绊倒了。

他站起身，拍拍身上的尘土，准备再走。可是他突然发现绊倒他的那块石头的样子十分奇异。他拾起那块石头，左看右看，便有些爱不释手了。

于是，他把那块石头放在了自己的邮包里。村子里的人看到他的邮包里除了信之外，还有一块沉重的石头，感到很奇怪。人们好意地劝他："把它扔了，你每天要走那么多路，这可是个不小的负担。"

他却取出那块石头，炫耀着说："你们谁见过这样美丽的石头？"

人们都笑了，说："这样的石头山上到处都是，够你捡一辈子的。"

他回家后疲惫地睡在床上，突然产生了一个念头：如果用这样美丽的石头建造一座城堡那将会多么迷人。于是，他每天在送信的途中寻找石头，每天总是带回一块。不久，他便收集了一大堆奇形怪状的石头，但建造城堡还远远不够。

于是，他开始推着独轮车送信，只要发现他中意的石头都会往独轮车上装。

从此以后，他再也没有过上一天安乐的日子。白天他是一个邮差和一个运送石头的苦力，晚上他又是一个建筑师，他按照自己天马行空的思维来垒造自己的城堡。

对于他的行为，所有人都感到不可思议，认为他的精神出了问题。

二十多年的时间里，他不停地寻找石头，运输石头，堆积石头。在他的偏僻住处，出现了许多错落有致的城堡，有清真寺式的，有印度神教式的，有基督教式的……当地人都知道有这样一个性格偏执沉默不语的邮差，在干一些如同小孩子筑沙堡的游戏。

1905年，法国一家报社的记者偶然发现了这群低矮的城堡，这里的风景和城堡的建筑格局令他叹为观止。他为此写了一篇介绍薛瓦勒的文章，文章刊出后，薛瓦勒迅速成为新闻人物。许多人都慕名前来参观城堡，连当时最有声望的毕加索也专程参观了薛瓦勒的建筑。

现在，这里成了法国最著名的风景旅游点，它的名字就叫做"邮差薛瓦勒之理想宫"。在城堡的石块上，薛瓦勒当年的许多刻痕还清晰可见，有一句就刻在入口处一块石头上："我想知道一块有了愿望的石头能走多远。"据说，这就是那块当年绊倒过薛瓦勒的石头。

199

★ 生存感悟

没有热情，理想便失去了支柱。愿望是动机，意志是力量。有了这些我们对自己所喜欢的任何事情都会不嫌麻烦、全力以赴。

坚守高贵

三百多年前，建筑设计师克里斯托·莱伊恩受命设计了英国温泽市政府大厅。他运用工程力学的知识，依据自己多年的实践，巧妙地设计了只用一根柱子支撑的大厅天花板。但是一年以后，在进行工程验收时，市政府的权威人士对此提出了质疑，并要求莱伊恩一定要再多加几根柱子。

莱伊恩坚信自己的设计没有问题，但如果坚持自己的主张，他们肯定会另找人修改设计；不坚持又有违自己的准则。后来，莱伊恩终于想出了一条妙计：他在大厅里增加了四根柱子，但它们并未与天花板连接，只不过是装装样子，糊弄那些自以为是的家伙。

三百多年过去了，这个秘密始终没有被发现。直到前两年市政府准备修缮天花板时，才发现莱伊恩当年的"弄虚作假"。

★ **生存感悟**

作为一个建筑师，莱伊恩的出色之处正表现在他始终恪守着自己的原则，给高贵的心灵一个美丽的住所，哪怕是遭遇到最大的阻力，也要想办法维护自己的尊严和理想。

小学学历的博士生

台湾有一个著名的企业家陈茂榜，他的讲演经常折服所有的听众。尤其是他记忆数字的能力超常，举凡中国和世界各国的面积、人口、国民所得贸易额等，他都能如数家珍。

事实上，陈茂榜的学历只有小学毕业，但他却荣获了美国圣诺望大学颁发的名誉商学博士学位。他之所以能获此殊誉，就是自己一辈子坚持每天晚上不间断地自修。

陈茂榜15岁辍学到一家书店当店员，他每天从早到晚工作12个小

时。但是下班以后，读书就成了他的享受，书店变成了他的书房，或坐或卧，任他遨游。

日子一久，他养成了每晚至少读两小时书的习惯。他在书店工作了8年，也读了8年书。陈茂榜说："学历固然有用，但更有用的是真才实学。"

⭐ **生存感悟**

对某些人来说，命运决定于晚上8点到10点之间；知识经济年代能否占有比他人富裕的智力资本，关键也在于个人素质的自我提升。

非常努力

201

1927年，美国阿肯色州的密西西比河大堤被洪水冲垮，一个9岁黑人小男孩的家葬身水底。在洪水即将吞噬男孩的一刹那，是母亲用力把他拉上了堤坡，而男孩的父亲却被卷入了洪水之中。

1932年，男孩8年级毕业，但阿肯色城的中学不招收黑人，他只能到芝加哥城读中学。这时，母亲做出了惊人的决定：让男孩复读一年，而她为整整50名工人洗衣、熨衣和做饭，为孩子攒钱上学。

1933年夏天，母亲凑够了男孩的学费后，带着男孩乘火车前往陌生的城市——芝加哥。在那儿，母亲靠当佣人谋生，供养着儿子。男孩以优异的成绩中学毕业，又顺利地读完了大学。

1942 年，他开始创办一份杂志，但最后一道障碍，是缺少向订户发函的 500 美元邮费。一家信贷公司愿借贷，但要求一笔财产做抵押。母亲有一套心爱的家具，是她分期付款花了两年时间才买回来的，但为了儿子她还是用家具做了抵押。

1943 年，杂志获得巨大成功，男孩终于能做自己梦想多年的事了：将母亲作为光荣的退休职员列入他的工资单，再不用工作了。那天，母子两人抱头痛哭。

后来，由于经营失策，杂志濒临倒闭。他面色凝重地说："妈妈，看来这次我真要失败了。"

她说："儿子，你努力了吗？"

"能用的办法我都试过了。"

"非常努力吗？"

"是的，很努力。"

"很好，无论何时，只要你努力尝试，就不会失败。"母亲毅然地说。

在母亲的鼓励下，他再次渡过难关，攀上了新的峰巅。这个男孩就是驰名世界的美国《黑人文摘》杂志创始人、约翰森出版公司总裁，并拥有三家无线电台的约翰·H·约翰森。

★ 生存感悟

命运全在搏击，奋斗就是希望。相对于成功而言，失败使人得到更多的智慧，只有了解到什么行不通，才能进而发现怎样才能行得通。

一千万美元的学费

美国一家商业机械公司，曾有一位高级职员因工作失误造成了1000万美元的巨额损失。这位高级职员为此惶惶不可终日，以为必将被给予撤职开除的处分。

然而董事长却通知他调任同等重要的新职。这位职员大惑不解："为什么不将我开除，至少降职？"董事长笑了笑回答说："要是那样做的话，岂不是在你身上白花了1000万美元的学费？"这位高级职员非常感动。后来，他以惊人的毅力和智慧，为公司做出了卓越的贡献。

后来，当有人问起董事长这件事时，他说："一个诚实而又有才能的人一时的失败，是企业家精神的一种'副产品'。如果给他以真诚的信任，他的进取心和才智就可以被大大地激发出来，完全可以超过没有失误、未受过挫折的人。"

★ 生存感悟

失败让人学到更多，在始终如一的奋斗过程中，不断的挫折才能让人有所觉悟、有所改进、有所成就。挫折也是宝贵的财富。

一百分的信心

一个社会学教授，在一次测验中对他的二十多个学生说："我很高兴这学期教你们。我知道你们学习都很努力。而且你们中有很多人暑假后将进入实习单位。因此，我提议，任何一位愿意退出今天考试的同学都将得到一个'B'。"

很多学生一身轻松地站起来，走到教授面前，谢过老师后签上了自己的名字。

教授看了看剩余的学生问："还有谁？这是最后的机会了。"又有一个学生站起来，签上名字走了。

教授关上教室的门，看着剩余的几个学生说："我对你们的自信感到非常高兴，你们都将得到'A'。"

✦ 生存感悟

信心与能力通常是齐头并进的，在生活或工作中，人们往往会因为缺乏自信而失去更好的机会。

赛马理论

著名女演员玛萝·托马斯在成名后，深有感触地回忆起父亲当年教育她在人生的道路上不要理会那些同别人做比较的言论："我希望你能成为一匹良种马。当良种马在奔跑时，它们是戴着眼罩的，这样一来，

它们的目光就会保持向前直视，而不会受到其他马匹和事物的影响，只会按照自己的跑道向前跑。"

✦ 生存感悟

　　赛马需要的是排除干扰和发挥速度，与之相同的道理是：确立并坚持自己的目标是关键。无论遇到多大的困难和外界的干扰，都要始终把目光盯在目标上，以最大的信心和勇气，坚定不移地前进。

决不放弃

　　1968 年，暮色中的墨西哥城里，坦桑尼亚的奥运会马拉松选手艾克瓦里正吃力地跑进奥运体育场，他是最后一名抵达终点的选手。

　　这场比赛的优胜者早就领取了奖杯，庆祝胜利的典礼也早已结束。因此，当艾克瓦里一个人孤零零地抵达体育场时，整个体育场几乎空无一人。艾克瓦里的双腿沾满血污，绑着绷带，他努力绕体育场一周，跑到了终点。在体育场的一个角落，享誉世界的纪录片制作人格林斯潘远远地看见了这一幕，好奇地走了过去，问艾克瓦里："为什么要这么吃力地跑到终点？"

　　年轻人疲惫不堪地回答说："我的国家从两万多里之外把我送到这里，不是让我来起跑的，而是派我来完成这场比赛的。"

✦ 生存感悟

　　如果受到挫折便认输，失去坚持下去的勇气，这等于给自己贴上了懦夫的标签。不论结果如何，坚持到底将会赢得他人的尊重。

一年的 362 天

　　一年之中的每一天里，美国作家史蒂芬·金几乎都在做着同一件事：天刚刚放亮，就伏在打字机前，开始一天的写作。一年之中，他只有三天的时间不写作。也就是说，他只有三天的休息时间。这三天是：生日、圣诞节、美国独立日（国庆节）。勤奋给他带来的好处是永不枯竭的灵感，笔耕不辍的他创作了《肖申克的救赎》、《厄兆》、《杰罗德游戏》等巨著，获得了 2003 年度美国"国家图书奖"的终身成就奖，成了闻名于世的恐怖小说大师。

✦ 生存感悟

　　做一个勤奋的人，阳光每一天的第一个吻触，是落在勤奋者的脸颊上的。勤奋者的每一天都是一个成功的开端。

对自己负责

　　苏珊出生于中国台北的一个音乐世家，她从小就受到了很好的音乐启蒙，她也非常喜欢音乐，但她却阴差阳错地考进了工商管理系。

　　尽管不喜欢这一专业，她还是学得很认真，每学期各科成绩均是优异。毕业时被保送到美国麻省理工学院，攻读当时许多学生可望而不可即的 MBA，后来因成绩突出又拿到了经济管理专业的博士学位。

　　如今已是美国证券业界风云人物的她，依然心存遗憾，说如果能够让她重新选择，她会毫不犹豫地选择音乐……

　　有人问她，你不喜欢你的专业，为何你学得那么棒？不喜欢眼下的工作，为何你又做得那么优秀？

　　"因为我在那个位置上，那里有我应尽的职责，我必须认真对待！"

　　不管喜欢不喜欢，那都是自己必须面对的，都没有理由草草应付，都必须尽心尽力，那是对工作负责，也是对自己负责。

人生的另一个支点

　　杰瑞是美国陆军的一名上士，在军队开了 6 年车。因为车技突出，从军队退役后，杰瑞又成了政要的专职司机，一开又是 3 年，直到他因一次突来的车祸而失去一条小腿。

　　突如其来的灾难让杰瑞痛苦万分，他不但告别了完整的肢体，更彻底告别了风驰电掣的生活。

　　没想到两年后，杰瑞不但凭着顽强的毅力学会了用假肢开车，他还参加了北美业余车手大赛，获得了第三名的好成绩。

207

　　当他接受记者采访，谈及振作的经历时，杰瑞举起了他曾经使用过的拐杖说："我要感谢它！当我由于车祸而暂时告别那段车旅生涯时，我万念俱灰。"

　　"可后来，倚在拐杖上慢慢行走，却逐渐让我领略到人生的另一种趣味。我走过街边花园，闻到了从未留意过的芳草气息，我坐在公园的长椅上，看清了孩子们可爱又充满朝气的脸。蹒跚的行走带给我另一种思考方

式，我由此感受到了艰辛，也获得了重新冲击梦想的力量，所以说，我的人生，是因这支拐杖而改变的，它是我生命中的又一支点……"

✦ 生存感悟

当你在人生路上走得力不从心时，不妨另外找一个支点继续走下去，并时刻提醒自己手中拐杖的非凡价值。

第八辑

钓螃蟹的故事

钓过螃蟹的人都知道，篓子中放了一群螃蟹，不必盖上盖子，螃蟹是爬不出去的。因为只要有一只想往上爬，其他螃蟹便会纷纷攀附在它身上，结果是把它拉下来，最后没有一只出得去。

✦ 生存感悟

不可否认的是，现实生活中有些人由于嫉妒心的极端膨胀而处处打压比他更优秀的人，不愿看到别人的成就。而打压别人并不会让自己变得更优秀，只有放弃这种"螃蟹性情"，不断完善自身才能让自己也变为优秀的一员。

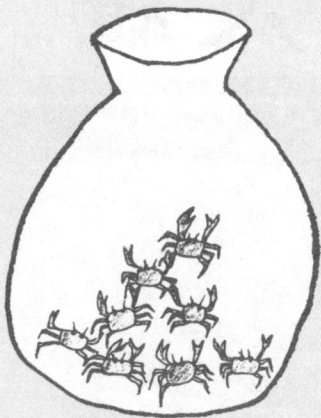

诸葛亮了解僚属的方法

相传诸葛亮著有《心书》一册，把了解僚属的方法概括为七大要点：

一曰：问之以是非而观其志；

二曰：穷之以辞辩而观其变；

三曰：咨之以计谋而观其识；

四曰：告之以祸难而观其勇；

五曰：醉之以酒而观其性；

六曰：临之以利而观其廉；

七曰：期之以事而观其信。

根据以上七点，他对僚属的才能、品德、个性等做全面了解，然后委以适当的职务。

诸葛亮的"试探法"应用到现代生活中仍不过时，通过简单的试探、观察来挖掘人才、剔除庸才是一个管理者常用的择才方式。

饺子皮尖

有个富家子弟特别爱吃饺子，每天都要吃。但他口味又特别刁钻，只吃馅，两头的皮尖尖就丢到掉了。

好景不长，在他16岁那年，一把大火烧了他家，父母急火攻心相继病逝。这下他身无分文，又不好意思要饭。邻居家大嫂非常好，每餐给他吃一碗面糊糊。他则发奋读书，三年后考取官位回来，一定要感谢邻居大嫂。

大嫂对他讲：不要感谢我。我没有给你什么，这些都是我收集的你当年丢的饺子皮尖，晒干后装了好几麻袋，本来是想备不时之需的。正好你有需要，就又还给你了。

他思考良久，良久……

211

生存感悟

相对于富贵而言，人生更重要的还是心态。拥有了健康的心态，才能坚强面对人生的下坡路。故事中的富家子弟家道中落，但他没有心理失衡，沉浸在失去富足生活的抱怨中，而是要通过自身的奋斗拿回失去的东西，他做到了。当然，故事也告诉我们要珍惜已经拥有的，不要等失去时才认识到它的可贵。

慧

马太效应

《圣经·新约马太福音》中有这样一个故事，一个国王远行前，交给三个仆人每人一锭银子，吩咐他们："你们去做生意，等我回来时，再来见我。"国王回来时，第一个仆人说："主人，你交给我的一锭银子，我已赚了 10 锭。"于是国王奖励他 10 座城邑。

第二个仆人报告说："主人，你给我的一锭银子，我已赚了 5 锭。"于是国王照例奖励了他 5 座城邑。第三个仆人报告说："主人，你给我的一锭银子，我一直包在手巾里存着，我怕丢失，一直没有拿出来。"

于是国王命令将第三个仆人的一锭银子也赏给第一个仆人，并且说："凡是少的，就连他所有的也要夺过来。凡是多的，还要给他，叫他多多益善。"这就是马太效应。看看我们周围，就可以发现许多马太效应的例子。

朋友多的人会借助频繁的交往得到更多的朋友；缺少朋友的人会一直孤独下去。其他方面也是如此，即使投资回报率相同，一个比别人投资多 10 倍的人，收益也多 10 倍。

✦ 生存感悟

我们可以从以下方面来理解马太效应：当一个人拥有了一定的社会资源时，为了进一步壮大他的事业，他必然会通过各种努力去扩充他的资源，得到更多的帮助。而如果某个人处在事业的开端几乎

一无所有时，他一定会面临很多的困难。这时如果固步自封，不敢迎接挑战，则手中可怜的牌也很难保住。

田忌赛马

齐国的将军田忌经常同齐威王赛马。他们赛马的规矩是：双方各下赌注，比赛共设三局，两胜以上为赢家。然而每次比赛，田忌总是输家。

这一天，田忌赛马又输给了齐威王。回家后，田忌把赛马的事告诉了自己的高参孙膑。这孙膑是军事家孙武的后代，饱读兵书，深谙兵法，足智多谋，被庞涓谋害残了双腿。来到齐国后，很受田忌器重，被田忌尊为上宾。孙膑听了田忌谈他赛马总是失利的情况后，说："下次赛马你让我前去观战。"田忌非常高兴。

又一次赛马开始了。孙膑坐在赛马场边上，很有兴趣地看田忌与齐威王赛马。第一局，齐威王牵出自己的上马，田忌也牵出了自己的上马，结果跑下来，田忌的马稍逊一筹。第二局，齐威王牵出了中马，田忌也以自己的中马与之相对。

第二局跑完，田忌的中马也慢了几步而落后。第三局，两边都以下马参赛，田忌的下马又未能跑赢齐威王的马。看完比赛回到家里，孙膑对田忌说："我看你们双方的马，若以上、中、下三等对等比赛，你的马都相应地差一点，但悬殊并不太大。下次赛马你按我的意见办，我保证你必胜无疑，你只管多下赌注就是了。"

这一天到了，田忌与齐威王的赛马又开始了。第一局，齐威王派出那头健步如飞的上马，孙膑却让田忌出下马，一局比完，自然是田忌的马落在后面。可是到第二局形势就变了，齐威王派出中马，田忌这边派出上马，结果田忌的马跑在前面，赢了第二局。最后，齐威王剩下了最后一匹下马，当然被田忌的中马甩在了后面。这一次，田忌以两胜一负而取得赛马胜利。由于田忌按孙膑的吩咐下了很大的赌注，一次就把以前输给齐威王的都赢回来了不说，还略有盈余。

 **生存感悟**

    田忌以前赛马的办法总是一味硬拼，希望一局也不要输，结果因自己总体实力差那么一点，总是输。孙膑则巧妙运用自己的优势，先让掉一局，然后保存实力去确保后两局的胜利，这样便保证了整体的胜利。可见，合理的内部结构安排是一件事情、一项事业取得成功的重要因素。

214

取香蕉的猴子

    把5只猴子关在一个笼子里，笼子上头有一串香蕉。实验人员装了一个自动装置，若是有猴子要去拿香蕉，就会有水喷向笼子。

    第一次，首先有只猴子想去拿香蕉，水喷出来把每只猴子都淋湿了。每只猴子都尝试一遍，发现都是如此。于是猴子们认识到：不要去拿香蕉，因为有水会喷出来！

    第二次，把其中一只猴子换掉，换一只新猴子甲。甲猴子看到香蕉，马上想要去拿，结果被其他4只老猴子打了一顿。因为其他4只猴子认为新猴子会害它们被水淋到，所以制止这新猴子去拿香蕉。这只新猴子尝试了几次，被打得满头包。

    第三次，再把一只老猴子换成新猴子乙。乙猴子看到香蕉，当然也是马上要去拿，结果也是被其他4只猴子打了一顿，其中甲猴子打得特

　　别用力。乙猴子试了几次，被打得很惨，只好作罢。

　　第四次，所有的旧猴子都换成新猴子了。大家都不敢去动那串香蕉，但是它们都不知道为什么，只知道去动香蕉就会被打。

215

★ **生存感悟**

　　•成功往往近在咫尺，而困难往往使人一叶障目。于是，很多时候近在咫尺变成了远在天涯。

扁鹊的医术

　　魏文王问名医扁鹊："你们家兄弟三人，都精于医术，到底哪一位最好呢？"扁鹊答："长兄最好，中兄次之，我最差。"文王再问："那么为什么你最出名呢？"

　　扁鹊答说："我长兄治病，是治病于病情发作之前。由于一般人不知道他事先能铲除病因，所以他的名气无法传出去，只有我们家的人才知道。"

慧

"我中兄治病，是治病于病情初起之时。一般人以为他只能治轻微的小病，所以他的名气只及于本乡里。而我治病，是治病于病情严重之时。一般人都看到我在经脉上穿针管来放血、在皮肤上敷药等大手术，所以以为我的医术高明，名气因此响遍全国。"

★ **生存感悟**

　　事后控制不如事中控制，事中控制不如事前控制，依此类推，很多人在自己的事业中未能体会到这一点，等到错误的决策造成了重大的损失才寻求弥补，则为时已晚。

秀才买柴

　　有一个秀才去买柴，他对卖柴的人说："荷薪者过来！"卖柴的人听不懂"荷薪者"（担柴的人）三个字，但是听得懂"过来"两个字，于是把柴担到秀才面前。

　　秀才问他："其价如何？"卖柴的人听不太懂这句话，但是听得懂"价"这个字，于是就告诉秀才价钱。

　　秀才接着说："外实而内虚，烟多而焰少，请损之（你的柴外表是干的，里头却是湿的，燃烧起来，会浓烟多而火焰小，请减些价钱吧）。"卖柴的人因为听不懂秀才的话，于是担着柴就走了。

生存感悟

与人交往过程中最好用简单的语言、易懂的言词来传达信息，而且对于说话的对象、时机要有所掌握，有时过分的修饰反而达不到想要完成的目的。

曲突徙薪

有位客人到某人家里做客，看见主人家的灶上烟囱是直的，旁边又有很多木材。客人告诉主人说，烟囱要改弯曲，木材须移去，否则将来可能会有火灾，主人听了没有做任何表示。不久主人家里果然失火，四周的邻居赶紧跑来救火，最后火被扑灭了，于是主人烹羊宰牛，宴请四邻，以酬谢他们救火的功劳，但是并没有请当初建议他将木材移走、烟囱改弯曲的人。有人对主人说："如果当初听了那位先生的话，今天也不用准备筵席，而且没有火灾的损失，现在论功行赏，原先给你建议的人没有被感谢，而救火的人却是座上客，真是很奇怪的事啊！"主人顿时省悟，赶紧去邀请当初给予建议的那个客人来喝酒。

217

很显然，故事告诉了一个我们有待转变的观念：对突发事件解决得好的人要重奖。俗话说"预防重于治疗"，能防患于未然，更胜于治乱于已成，有一天我们开始奖励"防患于未然"的工作做得好的人，便是重大的进步。

老板鹦鹉

一个人去买鹦鹉，看到一只鹦鹉前标着：此鹦鹉会两门语言，售价200元。另一只鹦鹉前则标着：此鹦鹉会4门语言，售价400元。该买哪只呢？两只都毛色光鲜，非常灵活可爱。这人转啊转，拿不定主意。

结果突然发现一只老掉了牙的鹦鹉，毛色暗淡散乱，标价800元。这人赶紧将老板叫来：这只鹦鹉是不是会说8门语言？店主说：不。这人奇怪了：那又老又丑，又没有能力，为什么会值800元呢？店主回答：因为另外两只鹦鹉叫这只鹦鹉老板。

这故事告诉我们，人们很多时候被表象所迷惑。这只又老又丑的鹦鹉必然有其独特的魅力才会成为"鹦鹉老板"，它的灵性使店主更喜欢它。生活中有的人也在重复着以貌取人的错误，华丽的衣装并不一定代表心灵的丰富，朴实的打扮往往展现一个人的内在气质。

留个缺口给别人

一位著名企业家在作报告，一位听众问："你在事业上取得了巨大的成功，请问，对你来说，最重要的是什么?"

企业家没有直接回答，他拿起粉笔在黑板上画了一个圈，只是并没有画圆满，留下一个缺口。他反问道："这是什么?""零!""圈!""未完成的事业!""成功!"……台下的听众七嘴八舌地答道。

他对这些回答未置可否："其实，这只是一个未画完整的句号。你们问我为什么会取得辉煌的业绩，道理很简单：我不会把事情做得很圆满，就像画个句号，一定要留个缺口，让我的下属去填满它。"

留个缺口给他人，并不说明自己的能力不强。实际上，这是一种管理的智慧，是一种更高层次上带有全局性的圆满。

给猴子一棵树，让它不停地攀登；给老虎一座山，让它自由驰骋。也许，这就是企业管理用人的最高境界。

219

三间房子里的猴子

加利福尼亚大学的学者曾做过这样一个实验：把 6 只猴子分别关在三间空房子里，每间两只，房子里分别放置一定数量的食物，但放的位置、高度不一样。

第一间房子的食物放在地上，第二间房子的食物分别从易到难悬挂在不同高度上，第三间房子的食物悬挂在屋顶。数日后，他们发现第一间房子的猴子一死一伤，第三间房子的两只猴子全死了，只有第二间房子的两只猴子活得好好的。

原来，第一间房子里的猴子一进房子就看到了地上的食物，为了争夺唾手可得的食物大动干戈，结果一死一伤。第三间房子的猴子虽做了努力，但因食物太高，够不着，活活饿死了。只有第二间房子的两只猴子先按各自的本事取食，最后随着悬挂食物高度的增加，一只猴子托起另一只猴子跳起取食。这样，每天依旧能取得足够的食物。

✦ 生存感悟

　　这则故事生动地讲述了生存的智慧。在极端的生存环境之下，出于求生的本能，生命体可能会做出你死我活的博弈。而这样极有可能产生可悲的结局，第一间房子里的猴子就是如此。如果换一种方式，展开团结互助的行动去应对生存困境，则可能共同摆脱生存危机，如第二间房子里的猴子。

　　可见，面对生死考验具有求生的智慧就显得极为重要了。

用人之道

去过庙的人都知道，一进庙门，首先是弥勒佛，笑脸迎客，而在他

的北面，则是黑口黑脸的韦陀。但相传在很久以前，他们并不在同一个庙里，而是分别掌管不同的庙。

弥勒佛热情快乐，所以来的人非常多，但他什么都不在乎，丢三落四，没有好好地管理账务，所以依然入不敷出。而韦陀虽然管账是一把好手，但成天阴着个脸，太过严肃，搞得人越来越少，最后香火断绝。

佛祖在查香火的时候发现了这个问题，就将他们俩放在同一个庙里，由弥勒佛负责公关，笑迎八方客，于是香火大旺。而韦陀铁面无私，锱铢必较，则让他负责财务，严格把关。在两人的分工合作中，庙里一派欣欣向荣景象。

生存感悟

在用人大师的眼里，没有废人，正如武功高手，不需名贵宝剑，摘花飞叶即可伤人，关键看如何运用。

渔王的儿子

有个渔人有着一流的捕鱼技术，被人们尊称为"渔王"。然而"渔王"年老的时候非常苦恼，因为他的三个儿子的渔技都很平庸。

于是他经常向人诉说心中的苦恼："我真不明白，我捕鱼的技术这么好，我的儿子们为什么这么差呢？我从他们懂事起就传授捕鱼技术给他们，从最基本的东西教起，告诉他们怎样织网最容易捕捉到鱼，怎样划船最不会惊动鱼，怎样下网最容易请鱼入瓮。他们长大了，我又教他们怎样识潮汐，辨鱼汛……凡是我长年辛辛苦苦总结出来的经验，我都毫无保留地传授给了他们，可他们的捕鱼技术竟然赶不上技术比我差的渔民的儿子！"

一位路人听了他的诉说后，问："你一直手把手地教他们吗？"

"是的，为了让他们学到一流的捕鱼技术，我教得很仔细、很耐心。"

"他们一直跟随着你吗?"

"是的，为了让他们少走弯路，我一直让他们跟着我学。"

路人说："这样说来，你的错误就很明显了。你只传授给了他们技术，却没传授给他们教训，对于才能来说，没有教训与没有经验一样，都不能使人成大器!"

★ 生存感悟

授人以鱼不如授人以渔，但如何传授有效却是很多人都不清楚的。在现实生活中，管理者如果事必躬亲，所谓"手把手地教"，看着亲切，但实际上反而可能会如上面的渔王一样，被教者可能不会成为可用之才。

该铲除的

单位里调来了一位新主管，据说是个能人，专门被派来整顿业务。可是，日子一天天过去，新主管却毫无作为，每天彬彬有礼地走进办公室，

躲在里面难得出门，那些不务正业的坏分子，现在反而更猖獗了。大家都失望透了，这分明是个老好人，比以前的主管更容易糊弄。

4个月过去了，新主管却发威了，坏分子一律开除，能者则获得提升。下手之快，断事之准，简直像换了一个人。年终聚餐时，新主管在酒后致辞："相信大家对我刚上任时的表现和后来的大刀阔斧，一定感到不解。现在听我说个故事，各位就明白了。

"我的一位朋友，租了栋带着大院的房子，他一搬进去，就全面整顿院子，杂草杂树一律清除，改种自己新买的花卉。某日，房东来访，进门大吃一惊，问那些名贵的牡丹哪里去了。

"我这位朋友才发现，他居然把牡丹当草给割了。后来他自己买了一栋房子，虽然院子里很是杂乱，他却按兵不动，果然冬天以为是杂树的植物，春天里开了繁花；春天以为是野草的，夏天却是锦簇；半年都没有动静的小树，秋天居然红了叶。直到暮秋，他才认清哪些是无用的植物而大力铲除，并使所有珍贵的草木得以保存。"

说到这儿，主管举起杯来，"让我敬在座的每一位！如果这个办公室是个花园，你们就是其间的珍木，珍木不可能一年到头开花结果，只有经过长期的观察才认得出啊。"

223

生存感悟

人的价值，取决于自己的努力。用人之道正在于取舍间，保留珍木，为我所用，除掉杂莠，提高整体效率和素质。

分 粥

有 7 个人曾经住在一起，每天分一大桶粥。要命的是，粥每天都是不够的。一开始，他们抓阄决定谁来分粥，每天轮一个。

于是每周下来，他们只有一天是饱的，就是自己分粥的那一天。后来他们开始推选出一个道德高尚的人出来分粥。强权就会产生腐败，大家开始挖空心思去讨好他，贿赂他，搞得整个小团体乌烟瘴气。然后大家开始组成 3 人的分粥委员会及 4 人的评选委员会，但他们常常互相攻击，扯皮下来，粥吃到嘴里全是凉的。

最后想出来一个方法：轮流分粥，但分粥的人要等其他人都挑完后拿剩下的最后一碗。为了不让自己吃到最少的，每人都尽量分得平均，就算不平，也只能认了。大家快快乐乐，和和气气，日子越过越好。

✦ 生存感悟

同样是 7 个人，不同的分配方式，就会有不同的效果。由此可以联想到，一个团队有不好的工作习气，一定是机制问题，一定是没有完全公平公正公开，没有严格的奖勤罚懒。如何制订这样一个制度，是每个团队需要考虑的问题。

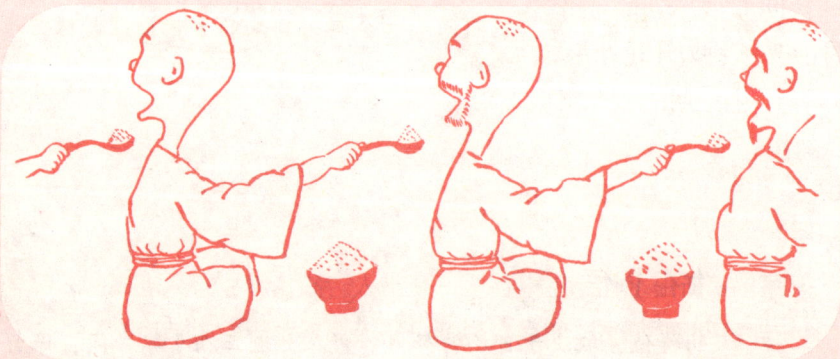

县令买饭

南宋嘉熙年间，江西一带山民叛乱，身为吉州万安县令的黄炳，调集了大批人马，严加守备。一天黎明前，探报来说，叛军即将杀到。

黄炳立即派巡尉率兵迎敌。巡尉问道："士兵还没吃饭怎么打仗？"黄炳却胸有成竹地说："你们尽管出发，早饭随后送到。"黄炳并没有开"空头支票"，他立刻带上一些差役，抬着竹箩木桶，沿着街市挨家挨户叫道："知县老爷买饭来啦!"当时城内居民都在做早饭，听说知县亲自带人来买饭，便赶紧将刚烧好的饭端出来。黄炳命手下付足饭钱，将热气腾腾的米饭装进木桶就走。这样，士兵们既吃饱了肚子，又不耽误进军，打了一个大胜仗。

225

★ **生存感悟**

黄炳没有亲自下厨做饭，也没有兴师动众劳民伤财，他只是借别人的力，烧自己的饭。一个想事业有成的人应该注重加强培养自己驾驭人才的能力，知人善任，了解什么时候什么力量是自己可以利用的。四两拨千斤，聪明的人总会利用别人的力量获得成功。

鹦鹉和老鹰

阿尔卑斯山上的小屋里住了一个猎人。猎人养了一只老鹰和一只鹦鹉，老鹰帮助他狩猎，鹦鹉会说话，猎人喜欢逗弄它来消磨时间。

春季某天，山下小镇赶集，猎人把腌渍好的猎物肉品准备好，打算换一些生活必需品。猎人高高兴兴带着老鹰和鹦鹉去市集。可是由于匆忙，猎人在途中滑了一跤，原本停在他肩上的老鹰受到惊吓，飞起时利爪不小心把猎人抓成大花脸。

猎人不由得勃然大怒，回来后就和鹦鹉嘀咕，数落老鹰的不是。

鹦鹉说："我平常看老鹰就一脸凶巴巴的样子，虽然它能帮你打猎，但主要还是你出力；倒不如养几只鸡，鸡不但温驯，你打猎时，鸡还能繁殖，一举两得。"猎人听了觉得有道理，就在集市上用老鹰换了5只鸡回来养。

阿尔卑斯山区实在太大了，没有老鹰的帮忙，猎人无法掌握猎物的行踪，以至于整个夏季秋季都没什么收获。冬天到了，不习惯山区气候的鸡不但未如期繁殖，反而在严冬中一只只倒下。没有收获的猎人自己要过冬已经很难了，没办法照顾鹦鹉，结果鹦鹉也没撑过严冬。

★ 生存感悟

当人们遭遇问题时，总是询问与自己比较亲近的人的意见。被询问的人或许无意进谗言，却免不了以自己的心态、能力、经验去理解别人。当询问对老鹰的意见时，应该询问另一只老鹰，或许鹦鹉是你信任的，但你得到的，不过是鹦鹉的看法。

燕昭王黄金台招贤

燕国国君燕昭王一心想招揽人才，而很多人认为燕昭王仅仅是叶公好龙，不是真的求贤若渴。于是，燕昭王始终寻觅不到治国安邦的英才，整天闷闷不乐。

后来有个高人郭隗给燕昭王讲述了一个故事：

有一个国君愿意出千两黄金去购买千里马，然而时间过去了 3 年，始终没有买到。又过去了 3 个月，好不容易发现了一匹千里马，当国君派手下带着大量黄金去购买千里马的时候，马已经死了。可被派出去买马的人却用 500 两黄金把死了的千里马买了下来。国君生气地说："我要的是活马，你怎么花这么多钱弄一匹死马来呢？"

国君的手下说："你舍得花 500 两黄金买死马，更何况活马呢？我们这一举动必然会引来天下人为你提供活马。"果然，没过几天，就有人送来了千里马。

227

郭隗又说："你要招揽人才，首先要从招纳我开始，像我这种才疏学浅的人都能被国君采用，那些比我本事更强的人，必然会闻风千里迢迢赶来。"

燕昭王采纳了郭隗的建议，拜郭隗为师，为他建造了宫殿，后来没多久就引发了"士争凑燕"的局面。投奔而来的有魏国的军事家乐毅，有齐国的阴阳家邹衍等等。落后的燕国一下子便人才济济了，逐渐成为一个富裕兴旺的强国。

★ 生存感悟

一个人的力量是有限的，只有广纳贤才、善于发动集体的力量才能战无不胜、攻无不克。

袋鼠的笼子

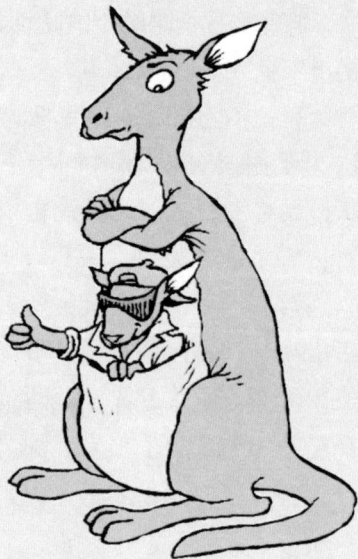

一天,动物园里的袋鼠都从笼子里跑出来了，管理员发现后开会讨论，一致认为是笼子的高度不够。所以它们决定将笼子的高度由原来的10英尺加高到20英尺。结果第二天他们发现袋鼠还是跑到外面来，所以他们又决定再将高度加高10英尺。

没想到隔天居然又看到袋鼠全跑到外面，管理员们决定一不做二不休，干脆将笼子的高度加高到100英尺。

一天长颈鹿和几只袋鼠们在闲聊："你们看，这些人会不会再继续加高你们的笼子?"长颈鹿问。

袋鼠说："很难说，如果他们还是忘记关门的话可能还会加高。"

✦ 生存感悟

人们习惯了惯性思维，这样往往只能发现问题，却抓不住问题的核心和关键。关门是本，加高笼子是末，舍本而逐末，当然就不得要领了。解决问题的关键就在于能分清事情的"本末"、"轻重"、"缓急"。

纪昌学箭

纪昌向飞卫学射箭，飞卫没有传授具体的射箭技巧，却要求他必须

学会盯住目标而眼睛不能眨动。纪昌花了两年，练成即使锥子向眼角刺来也不眨一下眼睛的功夫。飞卫又进一步要求纪昌练眼力，标准要达到将体积较小的东西能够清晰地放大，就像在近处看到一样。纪昌苦练3年，终于能将最小的虱子看成车轮一样大。纪昌张开弓，轻而易举地一箭便将虱子射穿。飞卫得知结果后，对这个徒弟极为满意。

✦ 生存感悟

学习射箭必须先练眼力，基础动作扎实了，应用就可以千变万化；成就任何一项事业都一样，基本的规则一定要好好掌握，后续就可以宏图大展了。这就有如修塔，如果只想往上砌砖，而忘记打牢基础，总有一天塔会倒塌。

两只蜘蛛

一座破旧的庙里住着两只蜘蛛，一只在屋檐下，一只在佛龛上。一天，旧庙的屋顶塌掉了，幸运的是，两只蜘蛛没有受伤，它们依然在自己的地盘上忙碌地编织着蜘蛛网。没过几天，佛龛上的蜘蛛发现自己的网总是被搞破。

一只小鸟飞过，一阵小风刮起，都会让它忙着修上半天。它去问屋檐下的蜘蛛："我们的丝没有区别，工作的地方也没有改变。为什么我的网总会破，而你的却没事呢？"屋檐下的蜘蛛笑着说："难道你没有发现我们头上的屋顶已经没有了吗？"

✦ 生存感悟

修网自然很重要，但了解网破的原因更重要。经常会看见有的人为了解决问题忙得团团转，这些充当救火队员的解决问题的人就像那只忙碌的蜘蛛一样，没有考虑过问题的根源是什么。

野山羊的选择

天黑了，张姓牧羊人和李姓牧羊人在把羊群往家赶的时候，惊喜地发现每家的羊群都多了十几只，原来一群野山羊跟着家羊跑回来了。

张姓牧羊人想：到嘴的肥肉不能丢呀。于是扎紧了篱笆，牢牢地把野山羊圈了起来。

李姓牧羊人则想：待这些野山羊好点，或许能引来更多的野山羊。于是给这群野山羊提供了更多更好的草料。

第二天，张姓牧羊人怕野山羊跑了，只把家羊赶进了茫茫大草原。李姓牧羊人则把家羊和野山羊一起赶进了茫茫大草原。

到了夜晚，李姓牧羊人的家羊又带回了十几只野山羊，而张姓牧羊人的家羊连一只野山羊也没带回来。

张姓牧羊人非常愤怒，大骂家羊无能。一只老家羊怯怯地说："这也不能全怪我们，那帮野山羊听说一到我们家就被圈起来，失去了自由，谁还敢到我们家来呀！"

生存感悟

由此联想到现实生活中，很多部门在留住人才的时候，采取了与张姓牧羊人同样的方法：通过硬性措施囚禁人才。其结果是留住了人，但没能留住心，到头来依旧是竹篮打水一场空。其实，留住人才的关键是在事业上给予他们足够的发展空间和制度上的来去自由。

231

主人把羊圈补好了

慧

第九辑

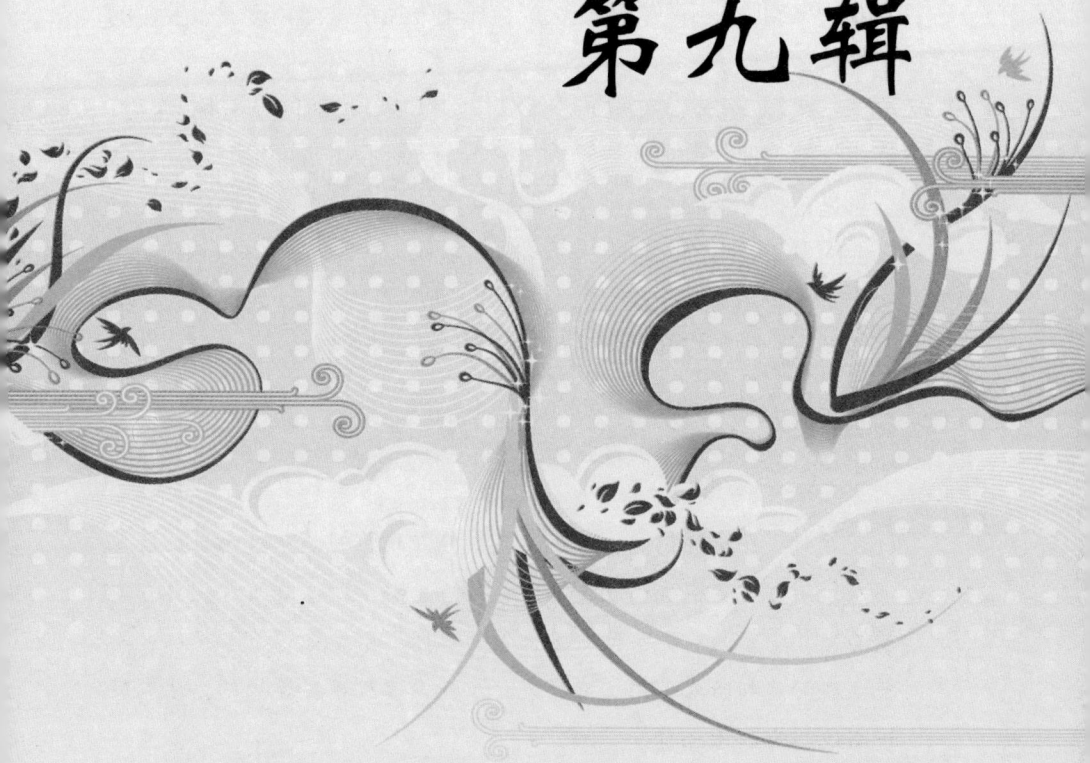

臭亦香

一般人都是喜香而恶臭，然而古今中外也不乏逐臭之人。其实香臭本无什么严格的定义，大多数人谓之香则香，大多数人谓之臭则臭。据调查，大多数人最喜欢的香味是麝香。因为麝香是雄麝特有的分泌物，有特殊的香气。古代的波斯人，有钱的爱用麝香涂额或点额。从古代到现代，欧洲人喜用的香料，有不少都含有麝香的成分。

但古今也不乏喜欢逐臭之人。史书记载，宋朝有一个名叫孙何的人，喜欢从早到晚地用手指甲抓头皮，抓出发垢拿来闻，连许多要办的正经事都常常耽误了。

《吕氏春秋》记载：有一个人体臭特别严重，所有的亲戚朋友，甚至妻妾都不愿与他同住。他自己觉得很苦闷无聊，于是跑到海上一孤岛独居。可是，在一个偶然的机会，遇到一个人，偏偏喜闻他的体臭，日夜追随他的左右。在当时，那人被称为"逐臭之夫"。

唐代有一个名为鲜于叔明的人，专喜闻臭虫的臭味，他捉来许多臭虫用瓦罐装着，常常打开盖子嗅得津津有味……

生存感悟

人对于气味的感觉，常有主观成分在内。例如，对于自己所爱的人，不香也觉得香，就是臭也觉得香。对于所憎恶的人，虽香亦觉其臭。小儿的乳臭实际是臭，但其母闻之则觉香。与人交往，单凭主观好恶判断人，难免有误差，应该以客观事实为基础，才能促进交流，有利于合作。

窗

有个太太多年来不断抱怨对面邻居的太太很懒惰，"那个女人的衣服永远洗不干净，看，她晾在院子里的衣服，总是有斑点，我真的不知道，她怎么连洗衣服都洗成那个样子……"

直到有一天，有个明察秋毫的朋友到她家，才发现不是对面的太太衣服洗不干净。细心的朋友拿了一块抹布，把这个太太家窗户上的灰渍抹掉，说："看，这不就干净了吗？"

原来，是自己家的窗户脏了。

生存感悟

生活中，人际关系复杂，人们往往都按照自己的习惯行事，把自己的习惯当成法律。其实，换个角度看看，试着去宽容博爱地对待别人，生活可以更美的。

235

消气的艺术

在古老的西藏，有一个叫爱地巴的人，每次生气和人起争执的时候，就以很快的速度跑回家去，绕着自己的房子和土地跑三圈。然后坐在田地边喘气。爱地巴工作非常勤劳努力，他的房子越来越大，土地也越来越广，但不管房地有多大，只要与人争论生气，他还是会绕着房子和土地跑三圈，爱地巴为何每次生气都绕着房子和土地跑三圈？所有认识他的人，心里都很疑惑，但是不管怎么问他，爱地巴都不愿意说明。直到有一天，爱地巴很老了，他的房地太大了，他生气地拄着拐杖艰难地绕着土地和房子走，等他好不容易走完三圈，太阳都下山了，爱地巴独自坐在田边喘气，他的孙子在身边恳求他："阿公，您年纪已经很大

了，这附近地区的人也没有谁的土地比您更多，您不能再像从前，一生气就绕着土地跑啊！您可不可以告诉我这个秘密，为什么您一生气就要绕着土地跑上三圈？"

爱地巴禁不住孙子恳求，终于说出隐藏在心中多年的秘密，他说："年轻时，我一和人吵架，就绕着房地跑三圈，边跑边想，我的房子这么小，土地这么少，我哪有时间，哪有资格去跟人家生气，一想到这里，气就消了，于是就把所有时间用来努力工作。"

孙子问："阿公，你年纪大了，又变成了最富有的人，为什么还要绕着房地跑？"

爱地巴笑着说："我现在还是会生气，生气时绕着房地走三圈，边走边想，我的房子这么大，土地这么多，我又何必跟人计较？一想到这，气就消了。"

✴ 生存感悟

　　你每发怒1分钟，便失去了60秒钟的幸福。当你发怒的时候，不妨数到10再开口，如果非常愤怒，就数到100试试。一个人需要掌握一种制怒的方法，毕竟这样于人于己都是有百利而无一害。

看 法

父子二人经过五星级饭店门口，看到一辆十分豪华的进口轿车。

儿子不屑地对他的父亲说："坐这种车的人，肚子里一定没有学问!"

父亲则轻描淡写地回答："说这种话的人，口袋里一定没有钱。"

★ 生存感悟

237

你对事情的看法，是不是也反映出你内心真正的态度? 凡事先笑自己的人，便不会被别人所笑。

习惯标准

晚饭后，母亲和女儿一块儿洗碗盘，父亲和儿子在客厅看电视。

突然，厨房里传来打破盘子的响声，然后一片沉寂。

儿子望着父亲，说道："一定是妈妈打破的。"

"你怎么知道?"

"这次她没有骂人。"

慧

生存感悟

我们习惯以不同的标准来看人看己，以至往往是责人以严，待己以宽。

酒窝大道

有两个台湾观光团到日本伊豆半岛旅游，路况很坏，到处都是坑洞。

其中一位导游连声抱歉，说路面简直像麻子一样。

而另一个导游却诗意盎然地对游客说："诸位先生，我们现在走的这条道路，正是赫赫有名的伊豆迷人酒窝大道。"

生存感悟

虽是同样的情况，然而不同的意念，就会产生不同的态度。思想是何等奇妙的事，如何去想，决定权在你。

美丽的志愿

同样是小学三年级的学生，在作文中说他们将来的志愿是当小丑。

中国的老师斥之为："胸无大志，孺子不可教也！"

外国的老师则会说："愿你把欢笑带给全世界！"

生存感悟

　　身为长辈的人们，不但容易要求多于鼓励，更狭隘地界定了成功的定义。在这个世界上没有绝对的价值，你只能估量一件东西对于你或别人的价值。

手 环

239

　　一位妇人在首饰店里看到两只一模一样的手环。

　　一个标价 550 元，另一个却只标价 250 元。

　　她心下大喜，立刻买下 250 元的手环，得意洋洋地走出店门。

　　临出去前，听到里面的店员悄悄对另一个店员说："看吧，这一招屡试不爽。"

生存感悟

　　试探如饵，可以轻而易举地使许多人显露出贪婪的本性，然而那往往是吃亏受骗的开始。

换 位

妻子正在厨房炒菜，丈夫在她旁边一直唠叨不停："慢些，小心！火太大了，赶快把鱼翻过来。快铲起来，油放太多了！把豆腐整平一下。哎哟，锅歪了……"

"请你住口！"妻子大发脾气，"我懂得怎样炒菜。"

"你当然懂，太太。"丈夫平静地答道，"我只是要让你知道，我在开车时，你在旁边喋喋不休，我的感觉如何。"

240

　**生存感悟**

学会体谅他人并不困难，只要你愿意认真地站在对方的角度和立场看问题。换位思考后会让人有许多新的感触。

后生可畏

小男孩问爸爸："是不是做父亲的总比做儿子的知道得多？"

爸爸回答："当然啦！"

小男孩问："电灯是谁发明的？"

爸爸："是爱迪生。"

小男孩又问："那爱迪生的爸爸怎么没有发明电灯？"

喜欢倚老卖老的人，特别容易栽跟斗。权威往往只是一个经不起考验的空壳子，尤其在现今这个多元开放的时代。

放轻松

小明洗澡时不小心吞下一小块肥皂，他的妈妈慌慌张张地打电话向家庭医生求助。

医生说："我现在还有几个病人在，可能要半小时后才能赶过去。"

小明妈妈说："在你来之前，我该做什么？"

医生说："给小明喝一杯白开水，然后用力跳一跳，你就可以让小明用嘴巴吹泡泡消磨时间了。"

241

放轻松些，生活何必太紧张？事情既然已经发生了，何不坦然自在地面对？担心不如宽心，穷紧张不如穷开心。

双色盾牌

有两位武士不约而同地走入森林里。第一位武士在树下看到了金色的盾牌,第二位武士在同一棵树下看到了银色的盾牌。金盾牌!银盾牌!两个人为此争吵不休……气得两人拔出剑来准备一决胜负。两人整整厮杀了几天都分不出胜负。当两人累得坐在地上喘息时才发现——盾牌的正面是金色,反面是银色,原来这是一个双面盾牌!

★ 生存感悟

固执的人往往为自己的意念所支配,一个人如果跟自己作对,就没有人可以搭救他。变才能通,通方能融。

小鸟的命运

在一个村庄里,住着一位睿智的老人,村里有什么疑难问题都来向他请教。有一天有个聪明又调皮的孩子,想要故意为难那位老人。他捉了一只小鸟,握在手掌中,跑去问老人:"老爷爷,听说您是最有智慧的人,不过我却不相信。如果您能猜出我手中的鸟是活还是死的,我就相信了。"

老人注视着小孩子狡黠的眼睛,心中有数,如果他回答小鸟是活的,小孩会暗中加劲把小鸟掐死;如果他回答是死的,小孩就会张开双

手让小鸟飞走。老人拍了拍小孩的肩膀笑着说："这只小鸟的死活，就全看你的了!"

★ 生存感悟

　　每个人的前途与命运，就像那只小鸟一样，完全掌握在自己的手中。升学也罢，就业也好，创业亦如此，只要奋发努力，均会成功。一位哲人曾说过，人生就是一连串的抉择，每个人的前途与命运，完全掌握在自己手中，只要努力，终会有成。

243

剑 客

　　一名剑客前去拜访一位武林泰斗，请教他是如何练就非凡武艺的。武林泰斗拿出一把只有一尺来长的剑，说："多亏了它，才让我有了今天的成就。"

　　剑客大为不解，问："别人的剑都是三尺三寸长的，而你的剑为什么只有一尺长呢? 兵器谱上说：剑短一分，险增三分。拿着这么短的剑

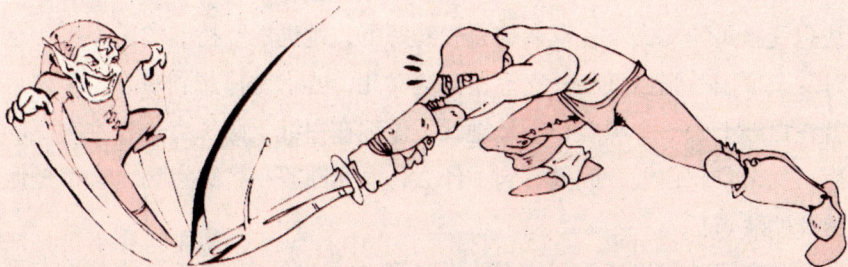

无疑是处于一种劣势，你怎么还说这把剑好呢？"武林泰斗说："就因为在兵器上我处于劣势，所以我才会时时刻刻想到，如果与别人对阵，我会是多么危险。所以我只有勤练剑招，以剑招之长补兵器之短，这样一来，我的剑招不断进步，劣势就转化为优势了。"

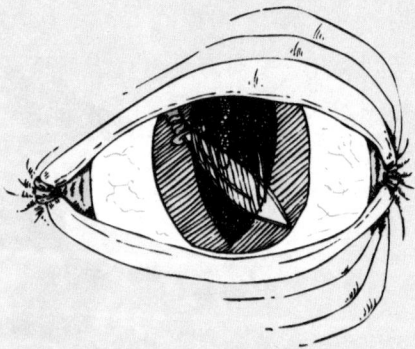

这位剑客听后，按照武林泰斗说的方法去练剑，后来也成了一位武林高手。

✦ 生存感悟

244

优势和劣势有时候并不是绝对的，把自己放在劣势，就是给自己压力，为自己注入进取的动力。敢于把自己放在劣势的人，最终就有可能把劣势转化成为优势，从而取得胜利。

白纸上的黑点

有个女孩哭着跑回娘家，气急败坏地向父母诉说苦衷，说她再也无法忍受新婚的丈夫。在双亲的百般劝解下，她仍然坚持非离婚不可。这时父亲拿出一张白纸和一支笔，交给女儿，要求她每想到对方一个缺点就在白纸上画一个黑点，于是她就不停地在白纸上画黑点。在她画完以后，父亲拿起白纸，问她看到了什么，女儿回答："缺点啊，全都是他该死的缺点！"

父亲笑着问她还看到什么，她回答说："除了黑点，什么都没有看

到。"在父亲一再追问下，终于想到除了黑点外，还看到白纸。于是父亲问女儿："对方是否有优点?"女儿想了很久，终于勉强地点了点头，开始叙述对方的优点。渐渐地语气缓和了，态度开朗了，终于破涕为笑，不再想离婚了。

✦ 生存感悟

　　绝大多数人看到的都是白纸上的黑点，而忽略了黑点旁边更大的白纸空间。人际交往中，由于人们过多地关注别人的缺点，致使自己生活不如意，若能不执著于黑点，多欣赏黑点后的白纸，即可豁达地与人相处。

九牛之人

245

　　从前有个小伙子叫阿壮，他在自己村子里没有找到称心如意的姑娘，于是决定去外地寻找。离开家乡之后，他走了很多地方，有一天，他来到了一个渔村，在村头碰到一个姑娘，小壮觉得那位姑娘正是自己想找的人，或许这就是一见钟情吧，所以他决定留下来。

　　小壮在当地打听求婚的风俗，当地人告诉他，去求婚是要送牛的。普通的女孩子只需送一两头牛，贤惠漂亮

的女孩送的牛要多，也就是四五头牛，最多是九头牛。这样的女孩子是非常优秀的，很少见，这里根本就没有人送过九头牛。

结果小壮买了九头牛，浩浩荡荡地赶着牛群去求婚了。

当小壮敲开女孩家的门时，她父亲出来了，扶着门框吃惊地问："年轻人，你有什么事？"小壮说："老伯伯，我看上了你家的女儿，我赶着牛是来求婚的。"

老人说："你求婚也用不着赶这么多牛来，我家女儿只是一个普通人，最多只要三四头牛就行了。你送这么多牛来，是不对的，如果我收下，邻居会笑话的。"小壮说："不，老人家，我认为你的女儿是世上最漂亮、最好的女孩，我认为她就值九头牛。请你一定要收下。"

老人见推辞不掉，只好收下九头牛。

结婚之后，小壮一直把老婆当成最漂亮、最可爱的女人。

三年之后，两位老人想女儿了，就去看女儿，结果发现村里正在举办一个盛大的篝火晚会，熊熊篝火的旁边，大家正在观看一个体态轻盈、年轻漂亮的女子翩翩起舞。两位老人一看，就说："要是我家的女儿也这么漂亮、这么可爱就好了。"

没想到走近一看，那位跳舞的女子就是他们的女儿，他们吃惊地问："三年没见，你怎么变化这么大？"

女儿说："从小到大，大家都认为我是一个普通的人，连我自己也觉得自己没有什么特别。但自从我的丈夫认定我是九牛之人以后，我就开始学习九牛之人的优点。结果三年过去了，没想到我真的成了聪明贤惠、漂亮可爱的九牛之人。"

 **生存感悟**

生命成长的过程是不断自我提升的过程，你给自己如何定位，你就真的会成为那样的人。不妨试着用九牛之人的眼光来看待自己、提升自己吧。

视而不见的幸福

有一个人，他生前善良且热心助人，所以在他死后，升上天堂，做了天使。他当了天使后，仍时常到凡间帮助人，希望感受到幸福的味道。

一日，他遇见一个农夫，农夫的样子非常困恼，他向天使诉说："我家的水牛刚死了，没它帮忙犁田，我怎么下田作业呢？"

于是天使赐他一只健壮的水牛，农夫感到很幸福。

又一日，他遇见一个男人，男人非常沮丧，他向天使诉说："我的钱被骗光了，没盘缠回家。"

于是天使给他钱做路费，男人很高兴，天使在他身上感受到了幸福的味道。

247

又一日，他遇见一个诗人，诗人年轻、英俊、有才华且富有，诗人的妻子貌美而温柔，但他却过得不快活。

天使问他："你不快乐吗？我能帮你吗？"

诗人对天使说："我什么都有，只欠一样东西，你能够给我吗？"

天使回答说："可以。你要什么我都可以给你。"

诗人直直地望着天使："我要的是幸福。"

这下子把天使难倒了，天使想了想，说："我明白了。"

之后天使拿走了诗人的才华，毁掉了他的容貌，使他破了产，索取了他妻子的性命。

天使做完这些事后，便离去了。

一个月后，天使再回到诗人的身边，他那时饿得半死，衣衫褴褛地躺在地上挣扎。

这时天使把他的一切又还给了他。然后离去了。

半个月后，天使再去看诗人。

这次，诗人搂着妻子，不住地向天使道谢。他终于感受到幸福了。

✦ 生存感悟

只要你还有可能失去某种拥有的幸福，那便意味着你还有一定的幸福。幸福的最大障碍就是期待过多的幸福。人们往往对身边的幸福视而不见，不懂得珍惜现有的生活，幸福就存在于各种各样的心安理得的知足心态之中。

248

球场上的夫妻

一位朋友在一家体育馆工作。她说在羽毛球馆看人打球，最有趣的现象是"夫妻变敌人，敌人变夫妻"。两对夫妻对打，理所当然地应该是两位先生各自搭配自己的太太。怪的是，夫妻搭伙打球，经常会以吵架收场，男的指责女的，女的指责男的，两人互相埋怨，气得无法再打下去。

这时候，有经验的朋友

会友善地走过去，建议他们换搭档，即各自的太太换到对方那一边去，去当"敌人"继续打球。通常这么调换之后，两边无不打得兴高采烈、尽兴而归。

★ 生存感悟

　　婚姻就像一把剪子，两片紧密相连，无法分开，但行动时需要背道而驰，才能使彼此的感情运作自如。

人生的两个机会

　　美国加州有位刚毕业的大学生，在 2003 年的冬季大征兵中他依法参军，即将到最艰苦也是最危险的海军陆战队去服役。这位年轻人自从获悉自己被海军陆战队选中的

249

消息后，便显得忧心忡忡。在加州大学任教的祖父见到孙子一副魂不守舍的模样，便开导他说："孩子啊，这没什么好担心的。到了海军陆战队，你将会有两个机会，一个是留在内勤部门，一个是分配到外勤部门。如果你分配到了内勤部门，就完全用不着去担惊受怕了。"

　　年轻人问爷爷："那要是我被分配到了外勤部门呢？"

　　爷爷说："那同样会有两个机会，一个是留在美国本土，另一个是分配到国外的军事基地。如果你被分配在美国本土，那又有什么好担心的？"

　　年轻人问："那么，若是被分配到了国外的基地呢？"

爷爷说："那也还有两个机会，一个是被分配到和平而友善的国家，另一个是被分配到维和地区。如果把你分配到和平友善的国家，那也是件值得庆幸的好事。"

年轻人问："爷爷，那要是我不幸被分配到维和地区呢？"

爷爷说："那同样还有两个机会，一个是安全归来，另一个是不幸负伤。如果你能够安全归来，那担心岂不多余？"

年轻人问："那要是不幸负伤了呢？"

爷爷说："你同样拥有两个机会，一个是依然能够保全性命，另一个是完全救治无效。如果尚能保全性命，还担心它干什么呢？"

年轻人再问："那要是完全救治无效怎么办？"

爷爷说："还是有两个机会，一个是作为敢于冲锋陷阵的国家英雄而死，一个是唯唯诺诺躲在后面却不幸遇难。你当然会选择前者，既然会成为英雄，有什么好担心的？"

250

生存感悟

无论人生遇到什么样的际遇，都会有两个机会。能积极乐观地对待，坏机会也会被转化成好机会。消极颓废地对待，好机会也有可能变成坏机会。

青少年 生存智慧故事

争执的美丽

1872 年的一天，在美国加利福尼亚的一个酒店里，斯坦福与科恩围绕"马奔跑时蹄子是否着地"发生了争执。斯坦福认为，马奔跑得那么快，在跃起的瞬间四蹄应是腾空的。而科恩认为，马要是四蹄腾空，

岂不成了青蛙？应该是始终有一蹄着地。两人各执一词，争得面红耳赤，谁也说服不了谁。于是两人就请英国摄影师麦布里奇做裁判。可麦布里奇也弄不清楚，不过摄影师毕竟是摄影师，点子还是有的，他在一条跑道的一端等距离放上 24 个照相机，镜头对准跑道；在跑道另一端的对应点上钉好 24 个木桩，木桩上系着细线，细线横穿跑道，接上相机快门。

一切准备就绪，麦布里奇让一匹马从跑道的一头飞奔到另一头，马一边跑，一边依次绊断 24 根细线。相邻两张相片的差别都很小。相片显示：马奔跑时始终有一蹄着地，科恩赢了。

事后，有人无意识地快速拉动那一长串相片，"奇迹"出现了：各相片中静止的马互相重叠成一匹运动的马，相片"活"了。电影的"雏形"经过艰辛试验终于成熟了。

生存感悟

251

做生活中的有心人，留心生活的每一瞬间，坦陈己见，与人共同探索，适时求助，也许重大发现就在眼前。

"囚徒困境"

在博弈论中有一个经典案例——囚徒困境，非常耐人寻味。"囚徒困境"说的是两个囚犯的故事。这两个囚徒一起做坏事，结果被警察发现抓了起来，分别关在两个独立的不能互通信息的牢房里进行审讯。

在这种情形下，两个囚犯都可以做出自己的选择：或者供出他的同伙(即与警察合作，从而背叛他的同伙)，或者保持沉默(也就是与他的同伙合作，而不是与警察合作)。这两个囚犯都知道，如果他俩都能保持沉默的话，就都会被释放，因为只要他们拒不承认，警方无法给他们定罪。

但警方也明白这一点，所以他们就给了这两个囚犯一点儿刺激：如果他们中的一个人背叛，即告发他的同伙，那么他就可以被无罪释放，同时还可以得到一笔奖金。而他的同伙就会被按照最重的罪来判决，并且为了加重惩罚，还要对他施以罚款，作为对告发者的奖赏。当然，如果这两个囚犯互相背叛的话，两个人都会被按照最重的罪来判决，谁也不会得到奖赏。

那么，这两个囚犯该怎么办呢？是选择互相合作还是互相背叛？从表面上看，他们应该互相合作，保持沉默，因为这样他们俩都能得到最好的结果：自由。

但他们不得不仔细考虑对方可能采取什么选择。A 犯不是个傻子，他马上意识到，他根本无法相信他的同伙不会向警方提供对他不利的证

据，然后带着一笔丰厚的奖赏出狱而去，让他独自坐牢。这种想法的诱惑力实在太大了。但他也意识到，他的同伙也不是傻子，也会这样来设想他。

所以 A 犯的结论是，唯一理性的选择就是背叛同伙，把一切都告诉警方，因为如果他的同伙笨得只会保持沉默，那么他就会是那个带奖金出狱的幸运者了。

而如果他的同伙也根据这个逻辑向警方交代了，那么，A 犯反正也得服刑，起码他不必在这之上再被罚款。所以其结果就是，这两个囚犯

按照不顾一切的逻辑得到了最糟糕的报应：坐牢。

生存感悟

　　在与其他团队打交道的过程中，我们不可避免地也会遇到类似的两难情况，这个时候需要相互之间有足够的了解与信任，在对对方有了足够的信任之后，诚意也是必不可少的。团队成员的选择方面，就像激流中要找同一条船上的人，一定要确定每一个人和自己往同一方向走。

舍 得

　　封山季节，山上的温度已经降到了零下几十度。有个药材商愿意出高价收购灵芝，于是父子三人决定冒险一搏，上山采摘。

253

　　可是山上的情况远远超出了他们的想象，三个人非但一无所获，而且下山路上父亲被严重冻伤，倒在了冰冷的雪地上，无论如何也走不了了。父亲果断地对两个儿子说："我不行了，你们赶快穿上我的衣服下山去。"儿子们自然舍不下他们的父亲，大儿子脱下自己身上的衣服套在父亲身上，二儿子背着父亲继续前行。

　　不一会儿，父亲没了气息，大儿子也冻得迈不开步子了。大儿子断断续续地对弟弟说："看样子我是回不去了，你赶快穿上我的衣服下山去，咱妈咱奶还等着咱们呢！"弟弟哭着摸摸父亲已经僵硬的身子，又

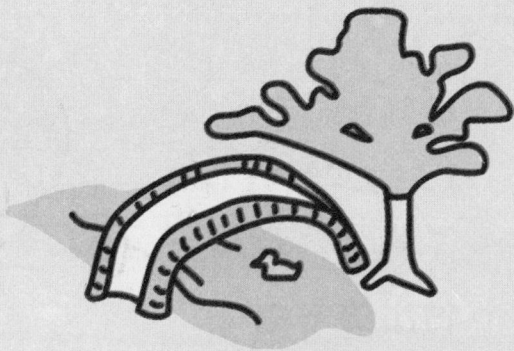

拉着哥哥还有一丝温热的手，随后坚决地脱下自己身上的衣服，套在了哥哥身上。

第二天，村里人在山上找到他们的时候，只见父亲身上套着大儿子的衣服，大儿子身上套着小儿子的衣服，小儿子身上只有一件薄薄的单衣。村里人流着泪说："什么是骨肉相连，他们父子三人就是！"可也有人说："他们之中应该有两个人或许是可以活下来的，但他们错过了。"一年后，他们的奶奶和妈妈因为经不起如此惨痛的打击，也都郁郁而终。

★ 生存感悟

如果舍得一个人的性命，就可能保住四个人的性命。但他们在爱的面前失去了必要的理智。有时候，舍得爱反而是一种博爱。

付出的幸福

雄心壮志的波比是一位会计师。他告诉自己，凡事一定要精打细算，绝对不能浪费任何资源，绝不放弃任何机会，要让自己随时保持在优势状态，无论大、小事情，绝不让别人占到半点便宜。

波比积累了万贯财富，占尽了所有的好处，成了一个高高在上的商场大亨。但是他并不快乐，总觉得生活中好像少了点什么。他越来越焦虑，以至得了忧郁症。

他只好去看心理医师，治疗师在了解了他的情况后，只在他的医药

方上写了一句话："每天去帮助一个身旁的人。"然后让他两个礼拜后再来续诊。波比觉得莫名其妙，但还是把处方单拿回家了。

两个礼拜以后，波比又来到治疗师面前，但这次却是堆满笑容地推开了门。"情况怎么样?"治疗师问，波比开心地回答："真是太奇妙了! 当我肯牺牲自己的时间、精力，去替旁人服务后，反而会感到一种满足的幸福呢!"

⭐ **生存感悟**

施比受更为有福，一项恰到好处的恩惠，对于施惠者和受惠者都几乎是同样大的荣幸。

对手的破坏力

255

海湾战争之后，一种被称之为"艾布拉姆"式的 M1A2 型坦克开始陆续装备美国陆军，这是目前世界上最坚固的坦克防护装甲，这种品质优异的装备是如何研制出来的呢?

乔治·巴顿中校是美国陆军最优秀的坦克防护装甲专家之一，他接受研制 M1A2 型坦克装甲的任务后，立即找来了一位"冤家"做搭档——毕业于麻省理工学院的著名破坏力专家迈克·马茨工程师。两人各带一个研究小组开始工作，别出心裁的

是，巴顿带研制小组，负责研制防护装甲；迈克·马茨带的则是破坏小组，专门负责摧毁巴顿已研制出来的防护装甲。

研制初期，马茨总是能轻而易举地将巴顿研制的新型装甲炸个稀巴烂，但随着不断地改进，巴顿一次次地更换材料、修改设计方案，终于有一天，马茨使尽浑身解数也未能奏效。于是，世界上最坚固的坦克在这种近乎疯狂的"破坏"与"反破坏"试验中诞生了，巴顿与马茨这两个技术上的"冤家"也因此而同时荣获了紫心勋章。

✦ 生存感悟

敌人能迫使你自强不息，就真正的益处而言，一个始终蔑视你的敌人抵得上两个普通的朋友。

角落里的鱼

一种小鱼被养在架在海里的四方形网里，小鱼苗会在网里绕圈圈地游来游去，养殖的人让鱼充分环游，并不断喂食，让鱼长大。

有一天，饲养员发现网的四个角落竟然有偷懒不游的小鱼，这些鱼要是不游就不会长大。所以，他就想了个办法，既然四方形的网会让鱼躲在角落里偷懒，干脆架成圆形的网算了。

他的构想的确很有效果，小鱼果然找不到休息的地方，只能在圆形的网里环游。可是架起圆形网的几个月后，小鱼全都死光了——因为游得太累而累死了。

结果，他再一次架起四方形的网，然后往养鱼网里面看，他这次发

现偷懒不游的并非特定的鱼群，而是互相轮流，原来鱼儿们都是适度地休息后再游的。

生存感悟

要想提高工作效率，最好的方式就是有张有弛，不要整天都像橡皮筋一样紧绷着，否则一定会断的。

对手的价值

从前，有一只忠心耿耿的狗，每次都能及时将偷袭羊群的狼赶跑，保护了主人的羊。主人天天奖赏它好吃的，狗对这一切非常知足。

有一次，狼又来偷袭羊群，狗的叫声惊动了主人，主人及时赶到，一枪便将这只狼打死了。山上只有一只狼，狼死了，再也没有对手来了，狗也便没有了用场。

有一天，主人对他的妻子说，现在也没有狼了，咱们养的这条狗每天要吃那么多的东西，多可惜呀，还不如杀了它，炖一锅香肉吃……妻子连连赞同。

狗听到主人的对话非常伤心，要不是自己，羊群能毫发不损吗？没想到狼死了，自己也大难临头了，这真是自作自受呀！

于是，它便去向它的朋友狐狸求救。狐狸非常同情他，便说："我

257

给你出个主意，天黑的时候，我请求另一个山头的狼兄弟到你的主人家去偷袭羊群，你再按时冲出来大叫，将狼吓跑，主人就不会杀你了。"狗便照着狐狸的话去做了。果然，狗赶跑了狼之后，主人又认识到它的重要性了。于是，狗保住了性命，又像从前一样深受主人的喜爱了。

★ **生存感悟**

有时候，对手的意义不仅仅是与我们抗衡的敌人，还是我们存在的前提条件。不要把给敌人准备的炉子烧得太烫，不然会把你自己也烤焦了。

巨大的鞋子

一位朋友的姑姑，一生从来没有穿过合脚的鞋子，常穿着巨大的鞋子走来走去。

别人如果问她为什么，她就会说："大鞋小鞋都是一样的价钱，干吗不买大的呢？"

★ **生存感悟**

许多人不断地贪多求大，其实不过是内在贪欲在作祟，就好像买了特大号的鞋子，忘了自己的脚一样。不管买

什么鞋子，合脚最重要，不论追求什么，适可而止方为明智。

无解的难题

有一个农夫在看报纸，他常常看到"辩证法"（正反两面交互运作进行）这个词。他想要知道这个词的意义，就跑去问一个牧师，牧师解答道："这很简单，我用一个具体的例子来解释给你听。有两个人，其中一个很干净，另外一个很脏，他们两个都走向河流，哪一个人会下去洗澡？"

"那个脏的。"农夫说。

"不，他为什么要洗？他已经习惯于他的脏，是那个干净的人想要保持干净。让我们再看一次。有两个人，一个脏的，一个干净的，他们走向河流，哪一个人会下去洗澡？"

农夫回答说："应该是那个干净的，因为他会想要继续保持他的干净。"

"不，"那个牧师说："既然他是干净的，他为什么要洗？是那个脏的人想要变干净。让我们再看一次。两个人走向河流，哪一个人会下去洗澡？"

"两人都会下去。"那个农夫说，他以为自己终于抓到了"辩证法"的要领。

但是牧师说："两个人都不会下去，他们为什么要下去呢？那个干净的已经干

净了，而那个脏的已经习惯于他的脏。"

故事就这样继续下去……

★ 生存感悟

学无止境，懂得多往往引起更多的疑问，在知识的海洋里，一个谜的答案就是另一个谜。

第十辑

完美的树叶

一位老和尚想从两个徒弟中选一个做衣钵传人。一天，老和尚对徒弟俩说，你们出去给我拣一片最完美的树叶。两个徒弟遵命而去。时间不久，徒弟甲回来了，递给师傅一片并不漂亮的树叶，对师傅说，这片树叶虽然并不完美，但它是我看到的最完整的树叶。徒弟乙在外面转了半天，最终却空手而归，他对师傅说，我见到了很多很多的树叶，但怎么也挑不出一片最完美的……最后，老和尚把衣钵传给了徒弟甲。

★ 生存感悟

人们的初衷总是美好的，但是如果盲目地追下去，往往会吃尽苦头，要知道，为了寻求一片最完美的树叶，而失去太多的机会是多么得不偿失。

我是一个傻瓜

印度的一个政客去找一位知名的修行者，抱怨说："你叫我静心和祈祷，这个和那个，我都做了，但是并没有启示发生。"

当时正下着很大的雨。

那个师父看着他，然后说："你到外面在街上站10分钟。"

那个政客说："雨下这么大，你叫我站在街上？"

师父说："你就去吧！那个启示将会来临。"

那个政客想：如果那个启示会来临，那么他值得一试，站在雨中10分钟并不是什么大不了的事。

他站在那里看起来很愚蠢，因为有很多人路过，他们想："这个人在做什么？"10分钟是一个很长的时间，一群人围过来开始笑，他们都感到很疑惑："这个人到底怎么了？"

10分钟后他冲到屋子里告诉师父说："什么事都没有发生，你欺骗了我。"

师父说："告诉我你的感觉如何？"

他说："我觉得自己好像是一个傻瓜站在那里，笨死了！"

师父说："这是一个很大的启示！你认为呢？在10分钟之内，你就知道你是一个大傻瓜，你就不认为那是一个很大的启示吗？"

263

✦ 生存感悟

日复一日的生活中，你可曾想过自己究竟在干什么？打量一下自己的内心吧，看看那里是否已经长满了荨麻和蒺藜，自省就是智慧的学校。

人工制造

有一个美国的观光客去英国访问，他在文契斯特的一家餐厅正享受美味的晚餐。

"先生，你要咖啡吗？"侍者问。

"当然。"那个美国人回答。

"要加奶油或牛奶?"

那个美国人很确定地回答:"都不要,我只要在家里经常用的东西:杀菌过的水、玉米糖浆、蔬菜油、紫色海苔胶、豆类胶、磷酸钠、多乙二烯六十、乙二烯化钾和人工色素……"

✦ 生存感悟

现在还剩什么呢?慢慢地、慢慢地,每一样东西都变成虚假的、人工的、合成的、塑胶的。那么你就失去了生命的味道。当你失去了生命的味道,你就失去了跟神的联系;当你变成不真实的,你就被拔了根。

请不要试图在你自己身上加上任何东西。停止这样做,让事情就这样,让事情按照它们本来的样子存在,它们非常美,所有的丑都是由你创造出来的。

缚 心 索

一个人在去禅院的路上,看到一头牛被绳子穿了鼻子,拴在树上。这头牛想离开这棵树,到草地上去吃草,谁知它转过来转过去都不得脱身。

他想以此考考禅院里的老禅师。来到禅院与老禅师品茗时问了一句:"什么是团团转?"

"皆因绳子未断。"老禅师随口答道。

那人听了大吃一惊:"我以为师父既然没看见,肯定答不出来,哪

知师父出口就答对了。"

老禅师微笑着说："你问的是事，我答的是理。你问的是牛被绳缚而不得脱，我答的是心被俗物纠缠而不得超脱，一理通百事啊。"来者恍然大悟！

⭐ **生存感悟**

　　生活中，人们往往被自己的心索所牵制，名利是索，贪欲是索，嫉恨是索……时刻束缚着自由追求幸福的心。只有斩断了这些心索，才能真正享受自由幸福的生活。

265

禅 论

　　师父说："我在此有一样东西，但是我又没有一样东西，你要如何解释它？"

　　身为犹太人的徒弟回答说："我不要解释！"

　　师父说："不得无礼！如果你真的如你所说的想要成道，你有义务要想出每一种可能的答案来回答这个问题。"

　　徒弟说："好，我猜是从一边看起来你有一样东西，而从另一边看起来你没有。"

　　师父说："不，那根本就不是我的意思！我的意思是说刚好从同一个方向来看，我有一样东西，同时我还没有一样东西，你要如何解释它？"

　　徒弟说："我放弃！"

慧

师父说："但是你不应该放弃！你必须竭尽所能来解开这个问题的奥秘。"

徒弟说："关于我应不应该放弃这一点，我不跟你争论。存在的事实就是我已经放弃了。"

师父说："但是你不想成道吗？"

徒弟说："如果成道意味着去考虑这么愚蠢的问题，那么去他的！我很抱歉令你失望，再见！"

12年之后。

徒弟说："我回来了，喔！师父，我处于一种十二万分后悔的状态。有12年的时间，我一直在四处徘徊，我觉得我的懦弱和没有耐心非常可怕。现在我已经了解我无法一直逃避生命，迟早我必须去面对宇宙最终的问题。所以现在我已经准备好要强化我自己，试着去研究那个你以前问我的问题。"

师父说："那个问题是什么？"

徒弟说："你说你有一样东西，但是又没有一样东西，看看我如何来解释它。"

师父说："那真的是我曾经说过的吗？为什么？我是多么的愚蠢！"

★ 生存感悟

禅没有教、没有教义，它主张无我。不要盲目地执著，而应该及时自省。你若刻意寻找，就会错过许多美好的东西。已经发生的就是事情本身存在的本性。

第一万零一个佛像

一休禅师是印度著名的修行者。

有一个年轻的和尚跑来看他，禅师问他说："你为何而来？"

那个年轻的和尚说："我来找寻成道。"

一休禅师说："你曾经去过哪里？你是否曾经找过别人？"

他说："是的，我曾经跟过一个师父。"

"你在那里学到了什么？"

那个和尚说："我表演给你看，我学到了瑜伽的姿势。"他以佛陀的姿势坐着，眼睛闭起来，一动也不动。

一休笑了出来，重重地敲敲他的头，说："你这个傻瓜！我们不需要更多的佛，在这里我们已经有很多石头佛像，你走吧，我们不需要更多的石头佛像！"

他说的是真的，因为他所住的那座庙有一万个石头佛像，他说："我们照顾那一万个佛像已经够累了，现在我们已经不想再有更多的佛像，请你离开吧！"

267

⭐ **生存感悟**

当你不能在自己的内心找到安静时，到任何地方去寻找都是徒劳的。真正的修行在心里，好多人按照形式和教条生活，结果是他们变成了石头佛像。

麻烦的信徒

有一个人一生都非常虔诚，他每天都对神祈祷至少10个小时。后来他死了，死得很凄惨，而且身无分文。他太太离家出走，他的合伙人欺骗了他，他的房子被烧掉了，他所有的小孩都变坏了，但是他那个无神论的弟弟在一生当中从来没有祈祷过一次，反而非常富有、非常健康，有一个很棒的太太，而且孩子们也都很有出息。

当那个虔诚的人最后来到神的面前跟他面对面，他问："主啊！我不是在抱怨，你知道我不是在抱怨。当你带走了我的房子，我带着感谢的心情向你祈祷，我知道你有一个好的理由；当我太太离家出走，我再度以感谢的心情来祈祷，因为我知道你一定有一个好的理由；当我所有的小孩都反对我，我再度带着感谢的心情对你祈祷，既然我知道没有一件事是不经过你的允许而发生的，我必须向神圣的智慧鞠躬。但是为什么所有这些事情都发生在我这个每天对你至少祈祷10个小时的人身上，而没有发生在我那个主张无神论的邪恶弟弟身上？"

神很怄气地说："因为你太烦了！"

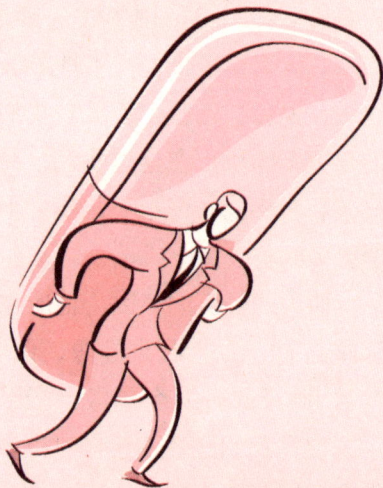

⭐ **生存感悟**

自轻自贱的人惹人嫌恶，上天永远不救助不愿行动的人，应该在自己身上找到力量来拯救自己的幸福。

为自己呐喊

有一个犹太教的法律专家常常去那个有名的被谴责的城市索顿的周围，他会从每一个角落、在每一条街上对人们大声喊：停止你们的罪恶！不要做这个！不要做那个！避开性，避开这个，避开那个……他这样做持续了几年的时间。

有一天，那个法律专家的一个学生问他："你从来不会疲倦吗？没有人在听你讲，也没有人在注意你，但是你却持续不断地在城市周围呐喊。人们已经对你感到疲倦了，你不疲倦吗？你从哪里取得这些能量？你是否仍在认为，你能够改变这些罪人？"

他说："你在说什么？我并不担心他们，如果我继续大声喊来反对他们，至少我可以拯救我自己。如果我不大声喊，很可能他们会改变我，我会开始跟他们做同样的事情，那是我的恐惧，所以我继续呐喊！我喊得越多，我就越被说服，我并不担心他们是否被说服。我喊得越多，我就越能够说服我自己，相信我走在正确的路线上。我可以很容易压抑，那些欲望也在我心里面。如果我不说一些话来反对他们，很可能我也会变得跟那些人一样。"

★ **生存感悟**

英国诗人白朗宁曾说过，我不求重造自我，只求最充分地利用上帝之所造。

269

慧

只有你自己才是你生命和灵魂的唯一合法的主人，努力做一个有价值的人，首先要征服自己、战胜自己。

禅师的耳光

一个禅师在拜佛像，一个和尚来到他旁边说："你为什么要拜佛？"

"我喜欢拜佛。"

"但是你说过一个人无法借着拜佛而成道，不是吗？"

"那么你为什么要拜佛？你一定有原因！"

"什么原因都没有，我喜欢拜佛。"

"但你一定是在找寻什么，你一定有什么目的！"

"我拜佛并不是为了任何目的。"

"那么你为什么要拜佛？你拜佛的目的是什么？"

就在这个时候，禅师跳上去打了那个和尚一个重重的耳光！

✦ 生存感悟

除非知道自己想做什么，想达到怎样的目的，否则没有问题可以被解决。无论做什么事情，明确目标都是中心环节。

钓 竿

有个老人在河边钓鱼，一个小孩走过去看他钓鱼。老人技巧娴熟，所以没多久就钓上了满篓的鱼。老人见小孩很可爱，要把整篓的鱼送给他，小孩摇摇头，老人惊异地问道："你为何不要？"小孩回答："我想要你手中的钓竿。"老人问："你要钓竿做什么？"小孩说："这篓鱼没多久就吃完了，要是我有钓竿，我就可以自己钓，一辈子也吃不完。"

我想你一定会说：好聪明的小孩。错了，他如果只要钓竿，那他一条鱼也吃不到。因为，他不懂钓鱼的技巧，光有鱼竿是没用的，而钓鱼重要的不在鱼竿，而在钓鱼的技巧。

✦ 生存感悟

有太多人认为自己拥有了人生道路上的钓竿，再也无惧路上的风雨，如此，难免会跌倒在泥泞地上。小孩看老人，以为只要有钓竿就有吃不完的鱼，就像职员看老板，以为只要坐在办公室，就有滚滚而进的财源。

271

表演大师

有一位表演大师上场前，他的弟子告诉他鞋带松了。大师点头致谢，蹲下来仔细系。

等到弟子转身后，又蹲下来将鞋带解松。有个旁观者看到了这一切，不解地问："大师，您为什么又要将鞋带解松呢？"大师回答道："因为我饰演的是一位劳累的旅者，长途跋涉让他的鞋带松开，可以通过这个细节表现他的劳累憔悴。""那你为什么不直接告诉你的弟子呢?""他能细心地发现我的鞋带松了,并且热心地告诉我,我一定要保护他这种热情的积极性,及时地给他鼓励。至于为什么要将鞋带解开,将来会有更多的机会教他表演,可以下一次再说啊。"

⭐ **生存感悟**

人一个时间只能做一件事,懂抓重点,才是真正的人才。从这个意义上说,成为人才并不难,但是要掌握关键的技巧。

聪明的驴子

有一天某个农夫的一头驴子,不小心掉进一口枯井里。农夫绞尽脑汁想把驴子救出来,但几个小时过去了,驴子还在井里痛苦地哀嚎着。最后,这位农夫决定放弃,他想这头驴子年纪大了,不值得太费力气去把它救出来,不过无论如何,这口井还是得填起来。于是农夫便请来左邻右舍帮忙一起将井中的驴子埋了,以免除它的痛苦。农夫的邻居们人手一把铲子,开始将泥土铲进枯井中。

当这头驴子了解到自己的处境时,刚开始哭得很凄惨。但出人意料的是,一会儿之后这头驴子就安静下来了。农夫好奇地探头往井底一看,出现在眼前的景象令他大吃一惊:当铲进井里的泥土落在驴子的背部时,驴子的反应令人称奇——它将泥土抖落在一旁,然后站到铲进的泥土堆上面!就这样,驴子将大家铲到它身上的泥土全部抖落在井底,然后再站上去。很快地,这头驴子便得意地上升到井口,然后在众人惊讶的表情中快步地跑开了。

⭐ **生存感悟**

事实上,我们在生活中所遭遇的种种困难挫折就是加诸在我们

身上的泥沙。然而，换个角度看，它们也是一块块垫脚石，只要我们锲而不舍地将它们抖落掉，然后站上去，那么即使是掉落到最深的井里，我们也能安然地脱困。

碎 罐

过去，有一个人提着一个非常精美的罐子赶路，走着走着，一不小心，"啪"的一声，罐子摔在路边一块大石头上，顿时成了碎片。路人见了，唏嘘不已，都为这么精美的罐子成了碎片而惋惜。可是那个摔破罐子的人，却像没这么回事一样，头也不扭一下，看都不看那罐子一眼，照旧赶他的路。

这时过路的人都很吃惊，为什么此人如此洒脱，多么精美的罐子啊，摔碎了多么可惜呀！甚至有人还怀疑此人的精神是否正常。

事后，有人问这个人为什么要这样？

这人说："已经摔碎了的罐子，何必再去留恋呢？"

 **生存感悟**

洒脱是一种摆脱了失去和痛苦的超级享受。失去了就是失去了，何必还要空留恋呢？如果留恋有用，还要继续努力干什么？

路上的石头

国王费迪南决定从他的 10 位王子中选一位做继承人。他私下吩咐一位大臣在一条两旁临水的大道上放置了一块"巨石"，任何人想要通过这条路，都得面临这块"巨石"，要么把它推开，要么爬过去，要么

273

绕过去。然后，国王吩咐王子先后通过那条大路，分别把一封密信尽快送到一位大臣手里。王子们很快完成了任务。费迪南开始询问王子们："你们是怎么把信送到的？"

一个说："我是爬过那块巨石的。"

一个说："我是划船过去的。"

也有的说："我是从水里游过去的。"

只有小王子说："我是从大路上跑过去的。"

"难道巨石没有拦你的路？"费迪南问。

"我用手使劲一推，它就滚到河里去了。"

"这么大的石头，你怎么会用手去推呢？"

"我不过试了试，"小王子说，"谁知我一推，它就动了。"

原来，那块"巨石"是费迪南和大臣用很轻的材料仿造的。自然，这位善于尝试的王子继承了王位。

274

★ 生存感悟

　　把自己的命运交给别人，甚至交给某一个人，自己一点儿也不动脑筋，只是相信别人那太危险了。自己要学会掌握自己的命运。

一面镜子

　　一个年轻人正值人生巅峰时却被查出患了白血病，无边无际的绝望一下子笼罩了他的心，他觉得生活已经没有任何意义了，拒绝接受任何治疗。

　　一个深秋的午后，他从医院里逃出来，漫无目的地在街上游荡。忽然，一阵略带嘶哑又异常豪迈的乐曲吸引了他。不远处，一位双目失明的老人正摆弄着一件磨得发亮的乐器，向着寥落的人流动情地弹奏着。

还有一点引人注目的是，盲人的怀中挂着一面镜子！

年轻人好奇地上前，趁盲人一曲弹奏完毕时问道："对不起，打扰了，请问这镜子是你的吗？"

"是的，我的乐器和镜子是我的两件宝贝！音乐是世界上最美好的东西，我常常靠这个自娱自乐，可以感到生活是多么美好……"

"可这面镜子对你有什么意义呢？"他迫不及待地问。

盲人微微一笑，说："我希望有一天出现奇迹，并且也相信有朝一日我能用这面镜子看见自己的脸，因此不管到哪儿，不管什么时候我都带着它。"

白血病患者的心一下子被震撼了：一个盲人尚且如此热爱生活，而我……他突然彻悟了，又坦然地回到医院接受治疗，尽管每次化疗他都会感受到死去活来的痛苦，但从那以后他再也没有逃跑过。

他坚强地忍受痛苦的治疗，终于出现了奇迹，他恢复了健康。从此，他也拥有了人生弥足珍贵的两件宝贝：积极乐观的心态和屹立不倒的信念。

275

★ 生存感悟

想把握好自己的人生和命运的人，一定要有乐观和坚强的品质，因为乐观和坚强是掌握人生航向的舵手，是把握命运之船的动力桨。

跳 槽

A 对 B 说："我要离开这个公司，我恨这个公司！"

B 建议道："我举双手赞成你报复这破公司，一定要给它点颜色看看。不过你现在离开，还不是最好的时机。"

A问："为什么？"

B说："如果你现在走，公司的损失并不大。你应该趁着在公司的机会，拼命去为自己拉一些客户，成为公司独当一面的人物，然后带着这些客户突然离开公司，公司才会受到重大损失，非常被动。"

A觉得B说的非常在理，于是努力工作。事遂所愿，半年多的努力工作后，他有了许多忠实的客户。

再见面时B问A："现在是时机了，要赶快行动哦！"

A淡然笑道："老总跟我长谈过，准备升我做总经理助理，我暂时没有离开的打算。"其实这也正是B的初衷。一个人的工作，只有付出大于得到，让老板真正看到你的能力大于位置，才会给你更多的机会发挥才干。

⭐ 生存感悟

276

不要一味地埋怨环境带给人的诸多不便，其实环境本身是客观存在的，谁处于那个位置都会遇到同样的问题，聪明的人会努力去适应罢了。

三个最优秀的老师

1960年，哈佛大学的罗森塔尔博士曾在加州一所学校做过一个著名的实验。

新学期开始时，罗森塔尔博士让校长把3位教师叫进办公室，对他们说："根据你们过去的教学表现，你们是本校最优秀的老师。因此，我们特意挑选了100名全校最聪明的学生组成3个班让你们执教。这些学生的智商比其他孩子都高，希望你们能让他们取得更好的成绩。"3位老师都高兴地表示一定尽力。

校长又叮嘱他们，对待这些孩子，要像平常一样，不要让孩子或孩子的家长知道他们是被特意挑选出来的。老师们都答应了。

一年之后，这3个班的学生成绩果然排在整个学区的前列。

这时，校长告诉了老师真相：这些学生并不是刻意选出来的最优秀的学生，只不过是随机抽调的最普通的学生。

老师们没想到会是这样，都认为自己的教学水平确实高。

这时校长又告诉他们另一个真相，那就是，他们也不是被特意挑选出的全校最优秀的教师，也不过是随机抽调的普通老师罢了。

✦ 生存感悟

世上本没有什么天才，所谓的天才就是靠自己的努力，发掘出自身内在的潜力从而改变自己的命运，那些非天才们只不过是让自己的潜力继续隐藏罢了。